AF366214

Discussion entre un âne de Babylone et un âne de Montmartre.

Lith. de Blocquel à Lille

ÉLOGE
DE L'ANE,

CONTENANT :

Des détails curieux sur ses mœurs, sa noblesse, son éducation, sa philosophie, ses avantages extérieurs, ses travaux, sa supériorité sur le cheval et sur tous les animaux en général, ses nombreuses propriétés, son infaillibilité, les honneurs qui lui ont été rendus dans tous les temps, etc., etc. ; le tout accompagné de notes historiques et scientifiques,

PAR UN DOCTEUR

DE MONTMARTRE.

PARIS,

chez DELARUE, libraire, quai des Augustins, 11 ;
LILLE, chez BLOCQUEL-CASTIAUX.

1841,

ÉLOGE DE L'ANE.

CHAPITRE PREMIER.

Exorde.

O MONTMARTRE ! ô ma Patrie ! (*) jusqu'à quand seras-tu l'objet du mépris et de la risée des Babyloniens ? Jusqu'à quand ces frivoles habitants de la capitale du plus bel empire du monde , seront-ils les vils esclaves d'une injuste prévention qui te déshonore ? Quoi ma Patrie ! parce que tu nourris dans ton sein une foule d'utiles habitants, on te raille, on te méprise ! Non, non, je ne souffrirai point qu'on te fasse impunément cette injure. Ta cause est la mienne ; je suis ton fils ; c'est aux enfants à défendre leur mère.

Tremblez , Babyloniens , tremblez ; l'auguste vérité va paraître , vous serez confondus : et vous paisibles animaux ,

(*) Montmartre est un village situé à un mille de Babylone , recommandable par la pureté de l'air , et des moulins à vent.

utiles baudets, réjouissez-vous ; j'entreprends aujourd'hui votre éloge : je veux prouver aux trop fiers habitants de Babylone, qu'il n'y a point dans l'univers d'animal qui vous soit comparable ; qu'eux-mêmes sont au-dessous de vous : vous seuls vous réunissez toutes les vertus répandues dans tous les êtres qui existent, et vous n'avez aucuns de leurs défauts : vous êtes les chefs-d'œuvre de la nature, les rois du monde. Réjouissez-vous donc, ô baudets, mes concitoyens, mes amis, réjouissez-vous ; les préjugés vont s'anéantir, vous serez adorés.

Vous qui foulant aux pieds les extravagantes opinions des hommes (*), avez

(*) Daniel Heinsius, chevalier de St-Marc, Professeur en Histoire et en Politique dans l'Université de Leyde, mort en 1655, a fait en latin l'éloge de l'âne. Jean Passerat, qui fut Professeur d'éloquence à Paris après l'assassinat de Ramus, était de Troyes en Champagne ; il a fait aussi en latin le panégyrique de l'âne. En 1729, il parut un troisième éloge de l'âne en langue Babylonienne. On concevra aisément que de ces trois éloges, j'en ai pu faire un : ce n'est pas un mystère.

déjà plaidé la cause que je vais soutenir, docte Heinsius, savant Passerat, daignez me servir de guides. Prêtez-moi, un moment, cette clarté, cette précision, ce coloris qui vous sont si naturels : faites que sans être plus profond, je sois aussi agréable que vous : ou plutôt, souffrez que saisissant dans vos écrits, ce qu'il y a de meilleur, je l'emploie à composer, à embellir cet Éloge. Je suis une abeille, soyez mes fleurs.

CHAPITRE II.

Qu'est-ce qu'un Ane ?

Comme la plupart des disputes qui divisent les savants, ne viennent souvent que de ce que les mêmes mots ont différentes significations, je vais, pour éviter les schismes, commencer par expliquer ce que j'entends par un âne : cette méthode n'est peut-être pas admise dans l'Université de Babylone ; mais nos docteurs de Montmartre l'ont approuvée, je la respecterai toujours.

Les naturalistes distinguent deux sortes d'ânes : les sauvages et les privés. Il n'y a point de différence entre les sauvages : ils sont tous grands, beaux, faits au tour, et surtout fort légers. Il y en a beaucoup dans les déserts de la Lybie et de Numidie : ils sont gris et courent si vîte qu'il n'y a que les chevaux barbes qui puissent les atteindre à la course ; lorsqu'ils voient un homme, ils jettent un cri, font une ruade, et ne fuient que lorsqu'on les approche. Ce sont les plus jolis ânes du monde ; ils sont sauvages, c'est leur seul défaut.

Les ânes privés se subdivisent en deux espèces : les ânes de Montmartre et les ânes de Babylone. Les premiers sont couverts de poil depuis la tête jusqu'aux pieds, portent les oreilles longues, marchent à quatre pattes, ont la physionomie un peu alongée, et la queue au bas du dos. Les autres ont les oreilles courtes, la tête ovale, le corps droit, ne marchent que sur deux pieds, et communément n'ont pas de queue.

On assure que cette dernière espèce se

multiplie tous les jours. J'ai même entendu dire que depuis le commencement
du dix-huitième siècle elle était augmen-
tée des deux tiers. Les voyageurs rapportent qu'ils en ont vu qui avaient de
longs cheveux, une robe à grande man-
che et une petite pyramide sur la tête:
D'autres ne marchent qu'à l'aide d'un
bâton doré et recourbé par le bout. Il y en
a qui ne parlent que de fièvres, de sai-
gnées, de purgations : ils donnent de
grandes espérances aux vivants, et vivent
aux dépens des morts. Ceux-ci ont une
peau de bête sur le bras ; ceux-là un ca-
puchon au milieu du dos..... ; il en est
de blonds, de bruns, de châtains, de
tous âges, de toutes couleurs ; on en
trouve à la cour, à la ville, dans les col-
léges, dans les assemblées. Ils foisonnent
partout. J'en ai examiné un grand nombre, et j'ai remarqué qu'ils ressemblent
assez à un certain animal qu'on appelle
homme : je crois même que ce n'est qu'im-
proprement qu'on les nomme des ânes :
ce sont les plus sots animaux du monde.

Un excellent naturaliste a fait un très-beau traité sur cette espéce d'âne. Il soutient que ce sont des ânes dégénérés, abâtardis. Selon lui, l'être le plus parfait, la créature la plus accomplie est l'âne. Il prétend qu'au commencement du monde, tous les animaux ont été créés dans cet état de perfection ; mais s'étant écartés de la loi naturelle, pour suivre leurs caprices, ils ont insensiblement dégénéré et dégénèrent encore tous les jours de leur ancienne splendeur. En voulant corriger et rectifier la nature, soit dans le moral, soit dans le physique, ils sont devenus des monstres.

Quoiqu'il en soit de ce fameux systême, je déclare formellement que ce n'est point de cette race bâtarde dont j'entreprends l'éloge. C'est vous seuls, illustres baudets, premiers nés de la nature, que je veux célébrer. Tous les autres me sont indifférents. Puissent mes éloges les engager à vous imiter ! C'est tout ce que j'exige d'eux.

En vain cette race bâtarde s'arroge le droit de vous avilir, de vous mépriser : le parallèle que je vais faire de vos vertus et de ses défauts, va la confondre.

CHAPITRE III.

Noblesse de l'Ane.

C'est une question très-importante, et qui a donné de la tablature à beaucoup de savants ; que de savoir si dans le jardin d'Eden, l'âne a été créé avant le cheval, ou s'ils ont été faits ensemble. Ce qu'il y a de certain, c'est que l'un et l'autre ont été créés avant l'homme : ainsi ce dernier venu doit leur céder le pas, ils sont ses aînés.

Quant à la noblesse de l'âne, M. Buffon assure qu'elle est aussi bonne, aussi ancienne que celle du cheval ; tout le monde convient que le cheval est le plus noble des animaux : l'âne doit donc encore l'emporter sur les plus nobles mortels.

La noblesse de l'âne est d'autant plus recommandable, qu'elle est très-pure : on ne connait point chez eux le secret de greffer sur le sauvageon, un citronnier de Portugal, ou l'amandier de Milan. Ils sont véritablement nobles de souche et d'origine. Outre cela, les ânes de Montmartre ont toujours détesté la finance ; ils n'ont ni or ni argent , et par conséquent leur noblesse n'est point le fruit de ce vil métal. On peut s'allier avec eux sans craindre les mésalliances : les ânons qui en proviendront, seront aussi nobles, aussi ânes que leurs parents.

On dit que les ânes de Babylone sont fort curieux de leur généalogie , qu'ils la conservent avec une espèce de vénération dans leurs archives : c'est aussi la coutume des arabes. Il n'en est pas un seul qui n'ait chez lui , la généalogie de ses chevaux. Ce peuple est même plus scrupuleux sur ce chapitre, que les Babyloniens : non-seulement ils dressent un acte lorsque le petit poulain vient au monde, ils en dressent encore un autre lorsque la jument s'accouple avec le cheval : c'est le moyen d'éviter tous les abus.

Comme les ânes d'Arabie sont fort beaux, M. Buffon présume que les Arabes ont aussi la précaution de garder la généalogie de ces animaux : n'ayant pas été sur les lieux pour vérifier le fait, j'avouerai ingénument que j'ignore s'il est vrai. Tout ce que je puis assurer, c'est que cet usage n'est point admis à Montmartre : on ne connaît les anciennes familles qui y demeurent, que par la tradition. Ce que je puis encore certifier sans crainte d'être démenti, c'est que plusieurs de ces familles s'y étaient établies longtemps avant que Babylone fut habitée. J'ai même entendu dire à des gens dignes de foi, qu'on y voit encore des descendants de cette célèbre ânesse qui parla autrefois au prophète Balaam : c'est sans contredit la plus respectable famille du monde.

Un autre avantage qui se trouve réuni avec la noblesse des ânes, c'est qu'elle ne les rend ni plus fiers, ni plus insolents : ils croient que le plaisir est fait pour tout le monde, et que le travail ne déshonore personne. Ils ont pour maxime que la noblesse n'est rien sans le mérite personnel ; qu'un âne, quelque noble qu'il soit, doit être doux, laborieux, compatissant. Ils ne prétendent point avoir le droit exclusif de tout savoir, sans rien apprendre ; ils détestent le jeu , la débauche , ne contractent point de dettes , ne mangent point le bien d'autrui , et n'ont jamais fait de bassesse. Toujours tranquilles , toujours bienfaisants , ils sont à double titre, et les plus anciens , et les plus nobles animaux de l'univers.

Cette noblesse des ânes est si authentique , si avérée , que nous lisons dans le douzième recueil des Lettres édifiantes , qu'il y a à Maduré , une tribu considérable d'indiens qui leur portent le plus grand respect (c'est la tribu ou castes des Cavaravadouques). Ceux de cette caste, traitent les ânes comme leurs frères , prennent leur défense , poursuivent en justice , et font ordinairement condamner à l'amende, quiconque les chargent trop , ou les bat et les outragent sans raison et par emportement. Dans un temps de pluie ils donneront le couvert à un âne, et le refuseront à son conducteur , s'il n'est d'une certaine condition.

Ces distinctions , ce respect , ces égards, viennent de l'idée sublime qu'ils se sont formés dè la noblesse de l'âne ; c'est parmi eux un article de religion essentiel, de croire que les ames de toute la noblesse, passent dans le corps des ânes : pénétrés et convaincus de ce dogme sacré, les ânes sont pour eux des objets de vénération, des Anges, des Dieux.

CHAPITRE IV.

Education de l'Ane.

Tous les hommes naissent méchants : Il y a longtemps qu'on l'a dit ; et malgré Rousseau de Genève, on le dira encore plus d'une fois : cette méchanceté de l'homme lui est naturelle avec le reste des animaux. Une pente invincible les attire vers le mal ; ils ne semblent nés que pour se détruire mutuellement : les lions, les tigres, les ours, les loups, le cheval lui-même, cet animal qu'on vante tant, et dont je parlerai bientôt, naissent avec de mauvaises inclinations L'âne, au contraire, a reçu de la nature la bonté en partage. Tous les ânes naissent bons.

L'éducation qu'on donne aux autres animaux ne les rend pas souvent meilleurs. Néron en est un exemple frappant. Senèque et Burrhus avaient tâché de lui inspirer toutes les vertus qui contribuent à former un honnête homme et un grand prince : il devint le plus scélérat des mortels. L'âne ne reçoit aucune éducation, il n'en devient pas plus méchant. Convaincu intérieurement qu'il est nécessaire que chaque individu soit bon, pour que tous soient heureux, il plie sous le joug de la nécessité, et paraît indiquer par sa résignation, le chemin qu'il faut prendre pour arriver au bonheur suprême.

Si l'on néglige de former le cœur de l'âne, on n'apporte pas plus de soins pour lui former l'esprit et le corps. C'est, dit-on, un lourdaud, un imbécile ; il ne peut rien faire, on ne saurait rien lui apprendre. On a tort : c'est un diamant qui est encore dans la forme qu'il a reçue de la nature : s'il n'est pas brillant ce n'est pas sa faute, il est ce qu'il doit être.

Le fils d'un financier fait des armes, touche du clavecin, danse avec légèreté, chante avec grâce : Son père est un gros individu, un jarret raide, a la mâchoire lourde, il sait à peine signer son nom. D'où vient cette d fférence? est-ce de la nature? Non : de l'éducation c'est l'ouvrage.

Un cheval lève la tête avec noblesse ; il caracole, il voltige, tous ses pas sont mesurés : est-ce donc étonnant ? Dès sa plus tendre enfánce, on le soigne, on le dresse, on l'instruit, tandis que l'âne abandonné à la grossièreté du dernier des valets, ou à la maliee des enfants, bien loin d'acquérir, ne peut que perdre par son éducation. S'il n'avait pas, dit M. Buffon, un grand fond de bonnes qualités, il les perdrait par la manière dont on le traite : il est le jouet, le plastron, le bardeau des rustres qui le conduisent le bâton à la main, qui le frappent, qui le surchargent, l'excédent sans précaution, sans ménagement. Quand ce serait le plus dangereux, ou le plus inutile des animaux, on ne l'éleverait pas plus durement.

Il est évident que sous de pareils maîtres, et avec de semblables principes, il n'est pas possible que l'âne ait les mêmes qualités qu'on admire dans le cheval ; ce n'est pas qu'il ne soit susceptible de talents agréables : il suffit de le voir lorsqu'il est jeune, pour juger de son intelligence et de sa capacité. Un ânon est gai, joli, plein de feu, il a de la légèreté, de la gentillesse ; prenez-le dans cet âge, donnez-lui les mêmes leçons qu'au cheval, vous réussirez à le former de même.

Le célèbre Chardin dans ses très-remarquables relations, nous apprend qu'en Perse il y a des ânes fort jolis, que des espèces d'écuyers montent soir et matin : ils les exercent à aller l'ambe, leur font faire tous les tours du manège, et réussissent à merveille.

Je pourrais citer ici une foule d'exemples qui démontrent que les ânes sont susceptibles de l'éducation la plus distinguée : des ânes ont fait dans les foires, par leur adresse et leur sagacité, l'admiration de tous les spectateurs : on accourait de toutes parts pour les voir, et chacun s'en retournait satisfait, et racontant les prodiges qu'il avait vus. Mais comme ce mérite est fort léger, je n'entrerai dans aucun détail à ce sujet. L'âne laisse aux ânes à courtes oreilles, le frivole avantage de plaire aux yeux et de faire illusion à l'esprit : qu'ils soient les colifichets de la nature, pour lui il se contente d'être bon, d'être utile, il n'en demande pas davantage.

CHAPITRE V.

L'extérieur de l'Ane.

On ne doit pas mépriser l'âne parce qu'il marche à quatre pattes : le lion que les préjugés ont déclaré le roi des animaux, ne marchent point autrement. Plusieurs philosophes ont même soutenu que cette manière de marcher, est non-seulement la plus solide, mais encore la plus naturelle ; ils ont fait plus : ils ont démontré physiquement que l'homme doit marcher ainsi, et ils ont déclaré que tant qu'il ne se servira que de deux pieds, on doit le regarder comme un monstre. Il y en a d'autres qui prétendent que la plupart des hommes le sont sans cela ; mais ce n'est pas de quoi il s'agit à présent : ainsi revenons à nos moutons.

Je dis que si l'on veut se prévaloir des qualités extérieures pour juger les animaux entr'eux, il est certain que l'âne doit avoir la préférence ; son aspect n'est ni terrible, ni effrayant ; il n'est ni petit maître, comme un jeune abbé, ni arrogant comme un riche ennobli, ni évaporé comme une femme de quinze ans. La décence et la simplicité sont son apanage : il a un air grave qui lui est propre ; à le voir seulement marcher, on est charmé de sa modestie ; il va toujours les yeux baissés et d'un pas égal. Si sa démarche est lente, elle est du moins fort majestueuse ; il n'y a que les fous qui galopent : un juge, un évêque, un recteur ne courent jamais.

On ne voit point l'ânesse, pour plaire, passer une partie du jour à se mirer, à s'embellir. Toujours belle, toujours la même, une simplicité naturelle, répand sur sa personne, tout le velouté des grâces. Un poil d'un gris argenté, agréable à la vue, doux au toucher, voilà toute sa parure. Elle ne sait ce que c'est que de recourir à l'art pour séduire ses pareils : sa taille ronde et bien fournie, n'a jamais été gênée dans une carcasse de baleine ; elle n'a point la manie de s'estropier, pour avoir de petits pieds ; elle cède aux Babyloniennes ces ridicules agréments. Son regard est pudique, sa démarche honnête ; el'e inspire à la fois, et la décence et la volupté ; ses dents sont plus blanches que l'ivoire : elle n'affecte point de grimaces pour les faire admirer ; elle ne met ni blanc, ni rouge, ni bleu ; sa beauté n'a pas besoin de ces secours artificiels. D'ailleurs, les moments d'une ânesse sont trop précieux pour les consacrer à la frivolité ; nos ânesses sont sages et laborieuses : la coquetterie ne sera jamais leur défaut.

La vanité n'est pas non plus celui de l'âne : qu'il ait une housse d'or ou de toile sur le corps, il s'en inquiète fort peu ; et ceux qui le connaissent, ne l'en estiment pas moins. Tous les baudets de Montmartre savent que souvent les apparences sont trompeuses ; ils né les prennent point pour juges : on dit que c'est assez le défaut des Babyloniens, tant pis pour eux : les beaux habits sont souvent l'étiquette des sots.

CHAPITRE VI.

La philosophie de l'Ane.

On définit ordinairement un philosophe, un animal qui rumine ; l'âne ne rumine point, cependant il est excellent philosophe. Un auteur anonyme a écrit que l'âne a du courage sans cruauté, de la force sans fureur, du bon sens sans orgueil, et de l'esprit sans vanité. Cet auteur a raison : l'âne ne fait rien pour lui-même, il fait tout pour les autres : il est extrêmement patient, c'est la douceur même. Jamais on ne le voit se battre, jamais il n'a eu de procès ; bon ami, bon mari, bon père ; il est le modèle et le prototype de toutes les vertus.

L'Ane est toujours égal à lui-même : il

a aujourd'hui les mêmes inclinations qu'il avait hier ; et l'année prochaine, il aura le même train, la même allure que cette année. Il n'est ni gourmand, ni avaricieux, ni fainéant, ni délicat. Sa philosophie ne le rend ni sombre, ni bourru : il est animal de bonne société, et n'importune personne.

L'ingratitude, ce défaut que l'on reproche à bien des philosophes, lui est inconnue. L'âne reconnaît son maître, il lui obéit avec plaisir ; il en est de même de quiconque le traite bien. Il s'attache à eux, leur prouve par mille caresses, qu'il n'est pas insensible aux bons procédés.

Quoi qu'on dise que la vengeance est un plaisir digne d'un Dieu, l'âne lui préfère la clémence. Il ne s'amuse point non plus à décrier ses semblables : la médisance, la calomnie n'ont jamais eu d'accès dans son cœur.

Il ne fait point consister la philosophie, à prendre le contre-pied de la nature ; il sait qu'il est sorti de ses mains, qu'elle est sa mère, et que plus il suivra les sen-

liments qu'elle lui inspire , plus il se con-
formera aux vues qu'elle avait en le
créant ; moins il sera malheureux.

Sans se grossir la tête d'une foule de
systêmes ridicules , sans livrer son cœur
à mille chimères qui le tourmentaient
sans cesse , il se renferme dans les justes
bornes que la nature et son bon sens lui
prescrivent. On ne l'a jamais vu entêté
d'un mérite imaginaire , défier un rossignol à chanter ; ni disputer avec un paon,
en beauté ; il se connaît , et rend justice
aux autres.

Sans s'exhaler en regrets superflus sur
le passé, ni s'effrayer sur l'avenir par
cent mille réflexions chagrinantes, l'âne
ne s'occupe que du soin de faire un bon
emploi du présent : il naît robuste et enve-
loppé dans une peau fourrée. D'où est-il
venu ? Où doit-il retourner ? C'est ce qui
ne l'embarrasse guère : certain qu'il n'a
rien à se reprocher , il vit sans inquié-
tude , il meurt de même.

Hélas ! faut-il qu'un animal si sage,
si raisonnable , n'ait que quelques
jours à vivre ! A peine trente ans sont

écoulés, qu'il voit terminer sa carrière ; tandis qu'un vil corbeau, un inutile financier, un dangereux procureur, vivent souvent près de cent ans. O nature ! nature ! réforme tes lois, mesure sur le mérite nos destinées, et les baudets seront immortels.

Plus je réfléchis sur la philosophie de l'âne, plus je reconnais qu'on a eu tort de blâmer Heinsius, d'avoir avancé que l'âne était le sage des Stoïciens. Rien ne le trouble, rien ne l'inquiète ; il ne se laisse ni éblouir par le faste, ni corrompre par le plaisir, ni abattre par la douleur. Accablé sous les fardeaux les plus pesants, roué de coups, il n'en est point ému. Il suit toujours sa route, en arrachant par-ci, par-là, quelques brins d'herbe qu'il mange fort tranquillement. N'est-ce pas là cette impassibilité, cette indifférence absolue, si recommandable chez les Stoïciens, et qu'ils n'ont jamais eu qu'en idée.

L'âne est aussi de la secte de Diogène le Cinique : il vit au jour la journée, sans s'embarrasser du lendemain. Avoine, foin, chardon, il mange ce qu'on lui donne, ce qu'il trouve ; tout est bon pour lui : l'appétit assaisonne ses mets. Il n'a besoin de personne ; il ne demande jamais rien : c'est le moins incommode de tous les animaux. C'est aussi celui qui se gêne le moins ; quand le plaisir l'appelle, en quelque lieu qu'il soit, il déclare ses feux, il satisfait ses désirs.

Non, non, jamais Diogène n'a connu cette indépendance générale de l'esprit et du corps. Épicure, lui-même, ce partisan zélé de la pure volupté, ni aucun de ses sectateurs, n'a connu aussi parfaitement que l'âne, cette tranquillité d'ame, cette douce quiétude si vantée dans leurs écrits. Malgré leurs efforts pour bannir de leur cœur, les préjugés de l'éducation, ces soi-disants Philosophes payèrent tous le tribut à la frugalité humaine. Une cruelle incertitude les accompagna jusqu'au tombeau : ils vécurent dans la crainte, ils moururent dans le désespoir.

CHAPITRE VII.

Le Paradoxe.

D'après ce qu'on vient de lire, il est évident que l'âne n'est pas si bête qu'on pense. Il a du bon sens, le fait est certain ; il a de l'esprit, le fait est indubitable. Ceux qui soutiennent le contraire, confondent les objets, et cette confusion est la source de leur erreur. Je l'ai déjà dit, les ânes privés sont de deux espèces : ceux de Babylone et ceux de Montmartre ; je conviens que les premiers sont absolument dépourvus d'esprit : mais il n'en est pas de même des seconds, ils sont fort spirituels. En vain l'on m'objecterait que depuis que le monde existe, il n'y a eu parmi eux, ni académiciens, ni journalistes, ni auteurs ; cela n'est pas une preuve qu'ils soient imbéciles : de la naissance ou des protecteurs, en voilà assez pour faire un académicien. Recevoir les présents des auteurs, faire imprimer les extraits qu'ils font eux-mêmes de leurs ouvrages, voilà à quoi se réduit l'emploi d'un journaliste. Quant aux auteurs, il suffit de savoir barbouiller du papier pour le devenir : l'esprit n'entre pour rien dans tout cela.

J'ai entendu parler de l'académie des Fainéants ; voilà sans contredit une belle académie : on m'a assuré que le nombre des aspirants est très-grand, et qu'on doit en établir une à Babylone ; je ne doute point qu'elle ne soit bientôt remplie : on l'établirait vainement à Montmartre. Les ânes sont trop spirituels, trop laborieux pour y être admis. Il n'y a dans ma patrie, qu'une seule société ; c'est celle des êtres utiles : elle vaut bien, je crois, toutes les académies du monde.

Non-seulement les ânes ont de l'esprit, ils ont encore du goût. S'ils étaient riches ou puissants, je suis très-assuré que plusieurs académies en auraient déjà enrôlé un grand nombre dans la classe des amateurs. L'âne aime la musique : sa voix n'est pas trop agréable, mais il a l'oreille fine et surtout fort juste : un bon morceau de musique réjouit nos baudets, et

les affecte au point qu'on s'en aperçoit :
les opéras qu'on fait à présent ne pro-
duiraient peut-être pas cet effet : il ne
faut point s'en étonner, Lully et Rameau
nous ont un peu gâtés.

On a vu des ânes si passionnés pour
les sciences, qu'ils en perdaient le boire
et le manger. Origène et Porphire eurent
pour camarades de classes, un âne célèbre dans l'histoire ; il allait régulièrement
écouter les leçons du célèbre Amonius
d'Alexandrie. Son assiduité, son attention lui méritèrent l'honneur d'être pro-
posé pour exemple .aux disciples de ce
grand maître : il est à présumer que si
la mort ne l'eut pas enlevé à la fleur de
son âge, il serait devenu l'âne le plus
savant de son siècle.

Un autre Amonius, qui a fleuri sous
l'empereur Anastase, avait aussi un âne,
dont le goût était si décidé pour la poésie, qu'il aimait mieux ne pas toucher à
la nourriture qu'on lui présentait, que
d'interrompre son attention, à la lecture
d'un poème qu'il entendait réciter. Que
d'Auteurs à Babylone, qui ne trouveront
jamais d'auditeurs si complaisants !

Parlerai-je ici de l'âne de ce Grec nommé Rieule dont un auteur Espagnol nous a conservé la plaisante histoire. Il faut avoir de l'esprit pour faire peur au diable. Les sorciers eux-mêmes ne lui parlent qu'en tremblant : cependant cet âne, dont un esprit malin s'était emparé, le fit déloger comme un sot : cet âne n'était donc pas une bête.

Si les ânes n'avaient pas d'esprit, est-ce qu'Apulée serait convenu comme il l'a fait, qu'il n'est devenu digne d'être le prêtre d'Isis qu'après avoir été transformé quelques temps en âne. Lucien, le célèbre Lucien, avec tout son esprit, ne serait jamais parvenu à obtenir ce qu'on lui accorda, s'il n'avait pas pris la figure spirituelle d'un âne.

Convenez donc, Messieurs les Babyloniens, convenez que les ânes ont de l'esprit, puisque dans tous les temps ils en ont donné des preuves authentiques ; puisque les plus beaux esprits n'ont réussi qu'en devenant des ânes : et ce qui est encore plus extraordinaire, convenez que non-seulement ils ont de l'esprit, mais qu'ils ne le perdent jamais. L'âge ne l'affecte point, les maladies ne peuvent le déranger : Corneille en vieillissant, a fait de vieilles tragédies ; l'esprit baisse avec le corps ; quelquefois on le perd : souvent il s'égare. L'âne n'est point sujet à ces accidents ; on n'a jamais vu un âne tomber en enfance ; on n'en a jamais mis aux petits maisons.

CHAPITRE VIII.

L'heureuse découverte.

Quand je pense aux recherches des Babyloniens, et surtout de ceux qui prennent le titre fastueux de savants, je ne puis m'empêcher de m'écrier qu'ils ont bien moins d'esprit que les ânes. En effet, à quoi s'occupent ces beaux génies, ces superbes académiciens ? L'un se met en quatre pour chercher la quadrature du cercle ; l'autre, vis-à-vis du fourneau se chauffe, aux dépens de son patrimoine qui s'évapore en fumée : celui-ci remue ciel et terre pour trouver le mouvement perpétuel : celui-là court après une autre chimère. .... Vains et frivoles mortels, contribuez à nos besoins, travaillez à faire des heureux, cette occupation est seule digne de vous !

O Noé, cher patriarche, qui le premier as goûté le fruit de la vigne cultivée par les mains, et toi qui la transplanta dans les Gaules, divin Trajan, recevez tous deux mes hommages ! Mon cœur en a toujours offert aux amis de l'humanité, vous en êtes les bienfaiteurs.

Mais à propos de Noé (*), savez-vous, Messieurs les Babyloniens, que c'est à l'âne à qui vous devez l'art précieux de tailler la vigne ? Les hommes, dit un savant auteur, s'étant aperçus que les ânes rongeaient des branches de vigne en certains endroits, et que ces branches ainsi rongées rapportaient plus de fruit, que celles qui restaient entières, mirent à profit cette heureuse découverte. Ils apprirent par ce moyen, l'art de tailler la vigne, et de multiplier les raisins.

____

(*) Vid. Joannes Pierius Valerianus Hieroglific. Lib. 12, cap. 20.

La reconnaissance d'un si grand bien-fait, continue cet auteur, porta les habitants d'une principale ville de la Grèce, à ériger au milieu d'une place publique, une statue de pierre en l'honneur de l'âne. Les génies les plus distingués se disputèrent la gloire d'en composer les inscriptions, et l'on n'épargna rien pour témoigner à l'ingrate postérité, les obligations qu'on avait à un animal si utile.

C'était sans doute pour la même raison que l'âne était si cher à Silène, le père nourricier de Bacchus, c'était pour cela que les Romains décoraient leurs salles à manger, avec des têtes d'ânes entrelacées de branches de vigne ; et que les Syriens, ainsi que les Hébreux (*), se ser-

____

(*) En hébreu on appelle un âne, Chamor ; et le vin Chomer. Isidor. Lib. 2. Orig. fait venir le mot âne, du verbe latin *assidere*, qui signifie être assis ; parce que la manière la plus usitée de s'en servir autrefois, était de s'asseoir dessus.

Lemery, dans son dictionnaire, fait descendre l'âne d'un mot grec, qui signifie lent, paresseux ; c'est une pure méchanceté de sa part ; car dans la même langue, il pouvait le faire venir d'un autre mot qui signifie, sans défaut. Cette étymologie est préférable à l'autre ; elle est conforme à la chose.

vaient presque du même mot pour signifier un âne et le vin.

La mémoire d'un bienfait si grand, avait rendu l'âne vénérable à toutes les nations ; on ne pensait à lui qu'avec joie, on n'en parlait qu'avec attendrissement. Pour moi, s'écrie l'anonyme que j'ai déjà cité et que je citerai encore, quand je songe à l'avantage que nous tirons de cette utile invention, je ne saurais rencontrer un âne, que je me sente le cœur ému à son aspect, d'une tendresse mêlée de je ne sais quel respect pour un si auguste bienfaiteur. Où est l'animal, je ne dis pas à Babylone, mais dans l'univers qui nous ait enseigné une science si nécessaire ? L'araignée, a dit-on, donné l'idée de la toile, l'hirondelle a fait naître les architectes, le rossignol a formé les musiciens, des chèvres (*) ont introduit

______

(*) Un berger de la Palestine qui gardait les chèvres d'un couvent, s'étant aperçu que lorsque ces animaux avaient mangé d'un certain arbuste, nommé café, ils ne faisaient que cabrioler pendant la nuit ; il fit part de ce prodige au prieur du couvent, qui se douta que ce fruit contenait une vertu insomnifique. Comme

l'usage du café, l'hypotopame de la sai-
gnée. Une foule d'autres animaux ont in-
diqué les propriétés de plusieurs autres
simples; et sans le bec d'une cigogne,
il n'y aurait pas un seul apothicaire sur
la terre. Ces découvertes, je l'avoue, ont
leur mérite, mais que c'est éloigné de
l'invention de tailler la vigne, dont l'âne
est l'auteur.

Palemon a inventé ou perfectionné la
grammaire; Apollon la poésie; Gorgias
la rhétorique; Aristote la logique; Esculape la médecine; Zoroastre l'astrologie.
Hélas! De quelle utilité sont au monde
ces vaines sciences, en comparaison du
vin qui réjouit le cœur de l'homme?
Quels vers froids et languissants, les

---

ces moines étaient de grands dormeurs, il
tenta sur eux une expérience; elle réussit au-
delà de ses desseins : aucun des moines qui
avait goûté du fruit, ne put dormir, tous as-
sistèrent à matines. Le prieur leur révéla son
secret. Bientôt il courut de monastère en monastère : et grâces au café, on ne manqua plus
les matines. Telle est, à ce qu'on dit, l'origine du café; c'est ainsi que s'en est introduit
l'usage.

poëtes ne feraient-ils pas , s'ils ne chan-
geaient souvent l'eau d'Hippocrène avec
le lait de Santeuil ? Qui parle mieux , qui
fait de plus belles figures de rhétorique ;
qu'un homme qui a quelques bouteilles
de vin sur la conscience ? Qui pousse
mieux que lui , un argument en ferio ou
en baroco ? Quelqu'un osera-t-il me contester que depuis qu'il y a des médecins
dans le monde , tous ensemble n'ont pas
fait par-hasard le tiers des cures que le
vin a fait par sa propre vertu ? Quant à
l'astrologie , il n'y a point de bon buveur
qui ne s'en moque. Oui , oui , le vin est
la clef des sciences , le père des chefs-
d'œuvre , la source de tous les plaisirs !
Vous qui avez appris à le multiplier ,
utiles baudets , qui pourra jamais recon-
naître de si grands bienfaits.

Sans votre heureuse découverte , que
deviendraient les plus beaux repas ; en
vain le docteur Sangrado envoie ses ma-
lades se désaltérer avec les grenouilles ,
il aura peu de sectateurs ; en vain la
Normandie prône partout le jus de ses
pommes , la Hollande sa bière , l'Angle-

terre son punch..... Le vin, le vin seul, est le restaurateur de la vie, l'ame des festins, le nectar des mortels. Sans l'âne, que de gens cependant seraient privés de ce jus délicieux! La vigne qu'on ne taille point, rapporte peu de raisin, le vin serait donc encore plus rare, plus cher qu'il n'est. Courtilles, Porcherons, la Rapée, lieux charmants, vous seriez déserts; Saint-Denis malgré sa grande mesure, ne serait plus visité par les riboteurs; le vin se vendrait au prix de l'or. Eh! Qui pourrait en boire impunément, si ce n'est les Financiers, les Prélats, les... oui... cela s'entend, l'or et l'argent ne leur coûte rien; elles n'en manquent jamais.

O baudets, chers baudets! Se peut-il qu'après une découverte si utile, si nécessaire, on vous blâme, on vous méprise encore! Est-il injustice comparable à celle des Babyloniens.

CHAPITRE IX.

Disgression sur une bagatelle.

Quoique les ânes de Montmartre, ainsi que je le dirai par la suite, ne soient pas les vils adulateurs de leurs ânesses, ils ne sont pas cependant insensibles aux charmes de la beauté. Non, non l'empire des grâces s'étend également sur les ânes et les dieux. O fils de Vénus! dieu de Paphos, amour, c'est à toi que je m'adresse? Parles, as-tu dans l'univers des sujets plus soumis, plus dévoués que ceux dont je fais l'éloge. Qui plus souvent qu'eux, brûle sur tes autels l'encens dû à ta divinité? Sans cesse ils te comblent de dons, et par des offrandes éternelles, ils célèbrent ta puissance et tes bienfaits.

Retirez-vous, animaux froids et langoureux? Eloignez-vous débiles mortels? C'est à l'âne seul, qu'il appartient de pénétrer dans le sanctuaire de l'amour; à lui seul est dû la victoire. Il est ce phénix si célèbre dans les fastes du monde:

il trouve la vie au milieu des flammes ;
il renaît au milieu du bûcher.

C'est ici que les expressions me manquent, pour donner une juste idée de la
supériorité de l'âne (*). Quand j'aurais
l'imagination de l'Aretin et le coloris de
La Fontaine, mes efforts seraient encore superflus. Qu'après lui avoir dérobé
quelques baisers, Tircis expire entre les
bras de la trop voluptueuse Amaran-
the ; que les maîtres du monde, les Marc-
Antoines, les Césars, trouvent un obsta-
cle invincible à satisfaire leurs impétueux
désirs ; rien n'arrête l'âne, rien ne l'abat.
Depuis la plus superbe des cavales, jusqu'à la plus simple des ânesses, tout
éprouve son pouvoir.

Ce que l'on admire surtout dans les
ânes de Montmartre, c'est qu'ils ne sont
ni frisés ni musqués, lorsqu'ils font leur

(*) Buffon dit que l'âne n'est ardent que
pour le plaisir, ou plutôt il en est furieux,
au point que rien ne peut le retenir, et qu'on
en a vu s'excéder et mourir quelque temps
après. Il faut convenir que les *on* voient toujours
de belles choses.

cour; ils vont au solide, la frivolité ne les occupe jamais : accoutumés à voyager dans l'île de Cythère, ils en évitent tous les détours, tous les labyrinthes. Ils connaissent le chemin qui conduit au temple de Gnide; ils y parviennent toujours les premiers.

Je ne me rappelle pas d'avoir entendu dire qu'aucun d'eux se soit avisé de faire des vers pour déclarer ses feux. Ils ne se ruinent point en sérénades, en cadeaux; ils disent que tout cela n'est pas de l'amour.

Les ânesses ne sont ni capricieuses, ni minaudières. Jamais elles ne trompent leurs amants : la sincérité est leur partage. Sensibles aux attraits du plaisir, un tendre aveu est toujours payé d'un tendre retour. Eh! Qui pourrait résister à leurs amants? C'est à eux que le dieu du plaisir a confié son sceptre redoutable. Ce sont eux que l'amour a fait dépositaires de son flambeau : flambeau merveilleux! Plus on l'agite, plus il s'enflamme; il ne s'éteint jamais.

O que de héros ont brigué vainement

cet avantage ! Combien de fois les dieux eux-mêmes , méprisant les ridicules hommages des humains, ont-ils gémi de leur faiblesse , ont-ils envié le sort des baudets.

Voilà cependant ces animaux qu'une injuste prévention a rendus si vils , si méprisables aux yeux des Babyloniens. Qu'on les interroge ces orgueilleux mortels? On verra qu'il n'en est pas un seul qui n'ait fait mille fois les mêmes vœux , que les héros et les dieux.

Consolez-vous , chers baudets; ce cri général , cet aveu unanime de vos talents, est un titre authentique de votre supériorité. Et vous , belles ânesses ! Ne vous affligez point: il est rare d'avoir de pareils époux.

CHAPITRE X.

L'âne et ses petits.

La vieillesse , ce marteau qui brise la tête du serpent le plus superbe , ne semble épargner que les ânes. Plus ils sont vieux, dit M. Buffon, plus ils sont ardents au plaisir. Si les amants sont heureux, les ânes le sont toujours.

Moins tardif que l'homme, à peine l'âne a trois ans, qu'il est déjà en état de reproduire son semblable. L'ânesse est encore plus précoce, elle n'est qu'un enfant, et elle éprouve déjà les transports de l'amour. La tendresse de l'âne pour sa compagne, s'étend aussi sur sa progéniture : il a pour elle le plus fort attachement.

On ne lui reprochera jamais de l'avoir étouffée au moment de sa naissance, de l'avoir exposée au milieu des rues, de l'avoir abandonnée; les ânes de Montmartre ont un cœur, ils en suivent toujours les tendres mouvements.

L'usage ne s'est point introduit parmi nos ânesses, de donner leurs petits à nourrir à des inconnues, à des mercenaires; elles savent qu'elles sont mères, et ce titre est trop doux, trop respectable, pour ne pas remplir les devoirs qu'il leur impose. Rarement elles ont plusieurs petits à la fois ; mais quel qu'en soit le nombre, elles ne les quittent point : malheur à qui voudrait les enlever, elles les défendraient au péril de leur vie. Pline le naturaliste, assure que lorsqu'on sépare la mère de son petit, elle passe à travers les flammes pour aller le rejoindre. C'est ici qu'on pourrait s'écrier avec raison, le chef-d'œuvre d'amour, est le cœur d'une mère.

Lorsque l'ânon commence à s'accroître, à se fortifier, l'ânesse le mène toujours avec elle, lui donne de bons conseils, de bons exemples, de bonnes leçons. Elle sait que ce n'est rien que de lui avoir formé le corps, si elle ne cultive son cœur : elle y donne tous ses soins.

Les travaux de cette bonne mère, ne sont point infructueux : les ânons aiment leurs parents, ils les respectent : leur présence les réjouit, leur absence les afflige ; ils ne sont bien qu'avec eux. Que de pères et mères voudraient bien pouvoir en dire autant.

Les ânons entr'eux sont fort unis : comme ils partagent la tendresse de leur mère, il n'y a point parmi eux d'enfant gâté, ni par conséquent de jaloux. Toujours gais, toujours folâtrants, ils sont moins des frères, que de tendres amis.

Quand l'âge d'être utile est arrivé, ils sont déjà accoutumés au travail; l'exemple de leur mère est leur loi: ils sentent qu'ils ne sont pas nés pour croupir dans une molle oisiveté; ils deviennent sages, posés, laborieux: ce sont de vrais Catons.

CHAPITRE XI.

Travaux de l'âne.

Si l'utilité des services qu'on rend à la société, est la mesure de la reconnaissance et de l'estime qu'on doit en attendre, nul animal sur la terre n'a des espérances plus grandes, plus flatteuses que l'âne. Il traîne, il porte, il laboure, il est propre à tout. C'est un ressort perpétuel, il ne repose presque jamais.

Vous qui coulez votre vie dans une noble indolence, et méprisez nos baudets, illustres fainéants! Venez à Montmartre, et vous serez témoins de leurs travaux. Depuis le lever de l'aurore, jusqu'au coucher du soleil, ils vont, ils viennent, un sac de farine sur le dos ; ils travaillent sans relâche, ils s'occupent toujours.

Je ne suis plus jeune, et cependant je n'ai jamais vu nos baudets babiller au milieu des rues, ni s'amuser à regarder un singe qui gambade, une marmotte qui danse : un âne est au-dessus de ces sottises.

En vain le fier Aquilon déchainé dans la plaine, a forcé les Babyloniens à prendre des manchons ; en vain la brûlante canicule a plongé les deux tiers des Babyloniens dans le bourbier de l'Euphrate, l'âne brave la rigueur de ces deux saisons. A toute heure, en tout temps, sans manchon, sans éventail, il va d'un pas ferme au moulin, il en revient de même.

Faut-il porter à Babylone les denrées nécessaires à la vie ? il reçoit également le fardeau qu'on lui impose. Pour arriver de bonne heure dans cette ville ingrate, il interrompt son sommeil, il marche une partie de la nuit, et tandis que les ânes de Babylone reposent encore, il a déjà contribué à leurs plaisirs.

O baudets, utiles baudets ! Arrêtez ; n'allez pas dans cette ville superbe : faites lui sentir au moins pendant huit jours, la nécessité des services que vous lui rendez, et qu'elle affecte de méconnaître. Mais non : continuez votre route, généreux baudets ! Il est grand, il est beau de faire des ingrats.

CHAPITRE XII.

Origine du Cheval.

Il a été un temps que la simplicité régnait dans les mœurs : l'orgueil et la mollesse n'avaient point encore amené l'usage de se faire traîner dans des chars dorés. Les noms de vis-à-vis, de désobligeante, de cabriolet, étaient des noms inconnus : les plus riches d'alors, les citoyens les plus distingués, ne rougissaient point de se servir de leurs pieds pour marcher ou de paraître dans l'occasion, assis sur un âne. Que les temps sont changés ! A peine peut-on faire un pas, sans être éclaboussé par le carrosse d'un fermier général, la demi-fortune d'un artiste protégé, et le vis-à-vis d'une nymphe de l'opéra. L'honneur, le savoir, la probité, rampent dans la boue : l'ignorance, l'intrigue, l'infamie, sont au rang des Dieux.

Ne vous affligez donc point, ô baudets ! Si dans ce temps de malheur et de perversité, on vous abandonne, on vous néglige ; il vaut mieux être ignoré, que de devenir l'esclave et la victime des sots ou des méchants.

Nous lisons dans l'histoire, que l'âne était autrefois la plus noble monture des princes Orientaux, et des plus grands seigneurs de leur cour. C'était dans les animaux de cette espèce, que consistaient leurs plus grandes richesses. Job n'avait que cinq cents ânes avant que le diable et sa femme l'eussent tourmenté : il en eut mille dans ses jours de prospérité et de bonheur. Selon Joseph, on avait coutume chez les juifs, le jour des noces, de conduire la nouvelle épouse à la maison de son mari, montée sur un âne galamment orné. Le même historien nous apprend que la charge d'intendant des ânes, était un des plus illustres emplois de la cour des rois d'Israel. Nous voyons par le dénombrement des principaux officiers de David, que sous son règne, Jadias Meronathides possédait cette charge éminente.

Le professeur Passerat a remarqué que l'âne était en si grande vénération parmi les romains, que les plus illustres familles de la République se firent une gloire d'en prendre le nom. Depuis que les papes ont monté sur le trône des Césars, ils ont eu aussi une estime particulière pour ces animaux. Célestin V, avait tant de vénération pour eux, qu'il fulmina un décret, par lequel il défendit à tous les cardinaux de se servir d'autre monture : lui-même il ne sortait jamais autrement qu'à pied, ou monté sur un âne. La mule de ses successeurs, est encore célèbre par tout l'univers.

En France, Jean de Mathea, docteur en Sorbonne, et fondateur des Mathurins, préférait aussi cette monture à toute autre : il enjoignit à ses disciples, par un article de sa règle , de ne jamais voyager sur d'autres animaux , que sur des ânes. C'est à cause de cet article qui fut scrupuleusement observé dans les premiers temps , qu'on décora les religieux de cet ordre , du titre de frères aux ânes : titre respectable qu'ils ont rejeté , et que les gens sensés regretteront toujours.

Les chevaux furent longtemps sans être domptés : errants dans les bois , on les plaçait dans la classe des animaux sauvages et dangereux. On regarda les premiers qui les montèrent comme des monstres ; on les nomma des centaures. D'abord on ne se servit du cheval , que pendant la guerre dans les combats : l'âne était la monture usitée pendant la paix. Les bœufs traînaient les chars des rois , et partageaient avec l'âne le service du public. Peu à peu on trouva le moyen de modérer la férocité du cheval ; on lui mit un mors entre les dents , on le mutila , et les hommes l'adoptèrent.

Le bœuf retourna dans les champs obéir aux utiles laboureurs ; l'âne resta encore dans les villes, mais ses travaux furent restreints. Le cheval lui enleva les postes brillants , ils partagèrent les utiles. On s'avisa même de les associer ensemble , et de cette bizarre alliance , sortit un nouvel être , qui les aurait surpassés peut-être tous deux , s'il eut pu se reproduire.

On se servit cependant encore des ânes dans certains endroits pour montures : le curieux Chardin assure qu'à la cour d'Ispahan , ces animaux ont toujours été maintenus dans la possession de servir les plus grands seigneurs , et de faire l'ornement des plus grandes fêtes. Il en est de même dans les Indes , où ces animaux sont plus grands , plus beaux , plus commodes que les chevaux. Ailleurs , l'âne est la monture ordinaire de presque toutes les femmes ; celles du grand Caire rendent leurs visites montées sur des ânes magnifiquement caparaçonnés. En France , il y a des provinces où l'on court la poste sur les ânes ; et il n'y a pas cent ans , qu'on voyait encore à Babylone , des magistrats , des médecins montés sur des mules , digne race des baudets.

Que le cheval ne se glorifie donc pas de

l'espèce de préférence qu'on semble lui accorder ? l'âne a joui avant lui des mêmes honneurs dont il fait tant de parade. Il les partage encore aujourd'hui ; il viendra peut-être un temps, qu'un nouvel animal qu'on apprivoisera comme le cheval, le remplacera : que sais - je ? L'homme est si changeant, si divers : il se dégoûtera des chevaux, il reprendra les ânes : on a vu des changements plus surprenants. Si les Babyloniens étaient constants, ce serait un miracle.

CHAPITRE XIII.

Imperfections du Cheval.

Le cheval est fougueux, téméraire, emporté : cette ressemblance avec la plupart des ânes de Babylone, leur a sans doute rendu cet animal précieux. Les gens graves et sensés ne sont pas de leur goût : il ne faut pas s'étonner si l'âne, le plus grave, le plus prudent des êtres, ne sympathise pas avec les Babyloniens. Il n'a pas l'avantage comme le cheval de tuer son maître, et d'estropier les passants ; avantage très-considérable et qui fait une des plus belles prérogatives de cet animal.

Il est vrai que dame justice (*) lui conteste ce privilège. Elle veut absolument qu'un cheval de quelque qualité qu'il soit, n'aille pas plus vîte qu'un âne de Montmartre, ou un docteur, et elle a raison ; où en seraient les jambes, les bras, les têtes de ceux qui en ont, s'il était permis aux chevaux de suivre leurs fougueuses inclinations. La vie du citoyen ne serait pas en sûreté, et les chevaux enverraient plus de g ns dans l'autre monde que les médecins ; cela n'est pas juste ; ils n'ont pas acheté ce droit, il ne leur appartient pas. J'approuve très-fort la loi qui leur ordonne de se confor-

---

(*) Le Parlement par un arrêt de réglement du 30 mars 1635, a fait défense de courir à cheval dans les rues de Paris. Un gagne-denier a été condamné, par un arrêt du 5 décembre 1731, confirmatif d'une sentence du Châtelet de Paris, à être attaché avec cet écriteau au carcan.... Pour avoir renversé un homme et blessé une femme, en faisant galoper un cheval qu'il ramenait de l'abreuvoir.

mer à la démarche des ânes ; elle fait honneur à nos baudets et rendra les chevaux moins orgueilleux.

Si ce qu'on m'a dit est vrai , ils n'ont pas lieu de l'être : on m'a rapporté qu'un certain seigneur , homme fort équitable et fort judicieux , fit pendre il y a quelque temps un cheval dans son écurie pour avoir cassé la jambe à son cocher. On ne reprochera point à nos baudets une pareille infâmie. Depuis que le monde existe, il n'y en a jamais eu de pendus.

Il y a plus , c'est que jamais on n'a rendu plainte contre eux : et sans une femme qui voulut il y a quelques années empêcher un âne de renouveler connaissance avec une jolie ânesse de ses amies , jamais la justice n'aurait entendu parler d'eux.

O combien de gens voudraient n'avoir jamais monté que des ânes ! l'univers aurait-il craint d'être rôti ? Jupiter aurait-il été obligé de foudroyer Phaeton , si quatre baudets avaient traîné le char du soleil ? Hélas ! quel avantage l'homme lui-même n'en tirerait-il pas ? La démarche grave et majestueuse de ces animaux , prolongerait la durée de leur course ; les jours seraient plus longs , on vivrait plus longtemps.

Quelle est cette jeune princesse que j'aperçois au pied de ces affreux rochers ; L'air retentit de ses cris : qu'avez-vous , belle infortunée , qu'avez - vous ? Mais toute la plaine est couverte de sang ; des membres épars ça et là , me glacent d'effroi. Où courent ces chevaux couverts d'écume ? D'où viennent les débris de ce char ? Ah ! je le vois , c'est la tendre Aricie qui pleure son cher Hippolyte que des coursiers furieux ont précipité à travers ces rochers ; puisse un Dieu propice le rendre à cette amante éplorée ! Puissent désormais les ânes être la monture des amants !

Je ne finirais pas si je voulais rapporter ici les tristes aventures de tous ceux qui ont été la victime de leurs chevaux. Toi qui dans ces derniers temps as fait tant de bruit dans l'Allemagne , Frédéric , le fer , le feu ont épargné ta vie , et dans le sein de la paix , un cheval fougueux te l'a

presque ravie. Le cabriolet que tu con-
duisais est renversé, tes pieds embarras-
sés dans les rênes, ne peuvent se déga-
ger, et tes chevaux te traînent impitoya-
blement dans la poussière : ô héros de la
Prusse, continue de faire de jolis vers,
de rendre tes peuples heureux, et ne
conduis plus de cabriolets.

J'ai vu le Danemarck en pleurs : un
cheval en était la cause : il avait cassé la
jambe à ce prince, le dieu tutélaire du
Nord, à Frédéric V, que la paix, la justice et l'humanité regretteront toujours.

Que dirai-je du cheval de Sejan (*), si

(*) Aulugelle L. 3. ch. 9. nous apprend que
ce cheval était d'Argos ; c'était le plus beau
cheval qu'on eut vu à Rome. Celui qui le pos-
séda le premier, fut Cneus Sejus, que Marc-
Antoine fit mourir. Dolabella l'acheta dix mille
sexterces, et Dolabella fut tué pendant la guerre
civile. Il passa successivement entre les mains
de Cassius et de Marc-Antoine, qui tous deux
périrent de mort violente. D'où vint le prover-
be : cet homme a le cheval de Sejan, pour dé-
signer un homme malheureux. On a remarqué
que le connétable de Bourbon, dont les mal-
heurs et la mort funeste pendant le siège de
Rome sont assez connus, avait pour devise :
Equo-Sejano. Dans tous les siècles, il semble
que le hasard a concouru à accréditer les préjugés et la superstition.   5 *

fatal à son maître, et à tous ceux qui le possédèrent ? Parlerai-je de Camille, qui au rapport de Tite-Live, s'attira l'envie du peuple romain, parce qu'après la prise de Véïe, il parut à Rome sur un char trainé par quatre chevaux blancs ? La possession, le seul usage, tout est funeste.

Au contraire, la seule rencontre d'un âne est d'un bon augure : Auguste l'éprouva à la célèbre bataille d'Axium. En sortant de son camp, le premier objet qu'il aperçut fut un âne : charmé de cet heureux présage, il ne douta point que le ciel ne favorisa son entreprise : il combattit sous les auspices de l'ânesse, et sortit vainqueur du combat.

Auguste ne fut point ingrat. Pour immortaliser cette heureuse rencontre, il fit dresser une statue à l'âne dans la ville qu'on bâtit à la place de son camp, et cette statue fut longtemps un des plus précieux monuments de Nicopolis.

Cheval, fatale monture (*), tu me fais

(*) Un cochon qui s'embarrassa dans les jambes du cheval de ce jeune prince, fut cause de

frémir lorsque je pense au sort de ce jeune
prince, les délices de son père et l'espoir
de la France. Ah ! Philippe, rentrez dans
votre palais, ne sortez point aujourd'hui :
le jour est triste, le soleil n'ose paraître,
la nature entière semble présager quelque sinistre malheur. Mes cris se perdent
dans les airs : le prince fait préparer son
cheval ; il monte, le voilà parti : que les
dieux favorables dirigent ses pas. O ciel,
qu'ai-je vu ? le cheval a fléchi, le prince
est étendu par terre, on vole à son secours : soins superflus ; il jette un soupir :
il n'est plus.

O chevaux, osez après cela disputer la
préférence aux baudets ! cette rapidité dont
vous faites tant d'étalage, est une qualité

cet accident. Louis le Gros, donna aussitôt une
ordonnance par laquelle il défendit de laisser à
l'avenir des cochons divaguer dans les rues de
Paris. M. de Sainte-Foix observe à ce sujet,
que l'abbaye de St-Antoine fit des représenta-
tions sur cette ordonnance, et prétendit qu'en
considération de son patron, qui avait un de
ces animaux pour toute compagnie, elle avait
le droit d'entretenir des cochons, soit dans l'en-
ceinte du monastère, soit ailleurs. Son privilège
fut confirmé.

redoutable : en vain vous imiterez la démarche des ânes, vous serez toujours dangereux. Un animal naturellement doux et paisible doit l'emporter sur vous. Vos jambes hautes et déliées n'auront jamais la solidité de celles de l'âne. Si malheureusement il bronche, la secousse n'est pas violente : si l'on tombe, le danger n'est pas grand : moins on est élevé, moins les chûtes sont à craindre.

CHAPITRE XIV.

Réponse aux objections.

Il me semble déjà entendre hennir un coursier superbe : je le crois voir lancer un regard de dédain sur l'âne qui broute à ses côtés, et s'élançant dans les airs, faire parade de son adresse et de sa beauté. Apaisez-vous, trop fier cheval, cette housse d'or, ce mors d'argent, ces rubans qui vous décorent, sont le symbole de la frivolité. Quiconque n'a que ce mérite est moins pour moi, qu'un papillon, le plus élégant, mais le plus inutile des insectes.

Ce n'est pas non plus la qualité des personnes qui vous emploient, qui doit vous énorgueillir. L'âne a joui autrefois des mêmes avantages dont vous jouissez : il les partage encore et il ne s'en glorifie point. Tous ces accessoires sont étrangers au mérite personnel, et c'est lui seul qui doit nous juger. Vous êtes jeune, alerte, joli, on vous chérit, on vous fête. Tremblez, tremblez, la vieillesse va bientôt vous surprendre, et d'évêque vous deviendrez meûnier. C'est assez l'usage.

A tort vous objectez à l'âne (*), qu'il est dans certains pays un supplice infâme,

---

(*) Cordemoy est le premier qui a dit du bien de la reine Brunehaut. Les historiens modernes prétendent que les anciens n'en ont mal parlé, que parce qu'ils étaient moines, et qu'elle ne leur a point fait de bien. Mais c'est une plaisanterie ; et quoique Voltaire ait dit qu'elle avait à peu près 80 ans, lorsqu'on suppose qu'elle fut mise à mort, et qu'à cet âge une femme n'a point de cheveux ; d'où il conclut que ce fait est faux : malgré ces raisons, j'ai cru pouvoir suivre l'opinion commune, qui la fait traîner par un cheval, à la queue duquel elle était attachée ; sans m'embarrasser si c'était par les pieds, par les mains, ou par les cheveux.

il pourrait vous faire le même reproche.
N'est-ce pas à la queue d'un cheval qu'on
attacha la célèbre Brunehaut , cette reine
si décriée par les anciens et vengée par
les modernes ? N'est-ce pas un cheval qui
traîne la charette qui porte un criminel
à l'échafaud , qui tire la claie sur laquelle
est étendu le cadavre de celui qui s'est
donné volontairement la mort ? Perfide
Metius , ce furent des chevaux indomptés
qui te déchirèrent par lambeaux pour
venger ta trahison. Si une malheureuse
qui n'a pas rougi de dégrader son sexe ,
en immolant d'innocentes victimes à la
prostitution , est condamnée à parcourir
les rues de Babylone , un chapeau de
paille sur la tête, assise sur un âne , la
face tournée vers la queue , est-ce une
raison pour mépriser l'âne qui la porte ?
Non sans doute : châtier les méchants fut
toujours l'emploi des demi-dieux.

Les objections des ânes de Babylone,
ne sont pas mieux fondées que celles du
cheval : ils se récrient sur les emplois de
l'âne : ils les traitent de vils , de grossiers :
d'emplois bas et avilissants : cette préten-

due bassesse est absolument imaginaire.
Nul état sur la terre n'est déshonorant
pourvu qu'on l'exerce avec zèle et probité.
Qu'on couvre d'opprobre un usurier, un
tartufe, un fainéant, je ne m'y oppose
pas; mais un âne fut-il employé à des
travaux encore plus mécaniques que ceux
qu'on lui donne, dès qu'il fait son de-
voir, il mérite des éloges.

Au reste, qu'entend-on par de vils emplois? Quels sont donc ceux de l'âne pour
les ranger dans cette classe? Un laboureur
actif, un artisan intelligent, est-il moins
précieux à la société, qu'un marchand de
cabrioles, un joueur de gobelets? Est-il
plus noble de jeter des dés sur un tapis
vert, ou remuer des cartes, que de tran-
sporter du fumier sur la terre pour l'en-
graisser? Tel est pourtant l'emploi de
l'âne : où est cette prétendue bassesse
dont on fait tant de fracas? C'est un fan-
tôme, on ne le réalisera jamais.

Je ne vois qu'une seule différence entre
les occupations d'un âne de Montmartre,
et celle d'un âne de Babylone; l'utilité
des uns, et la superfluité des autres : on

peut se passer de docteurs, de commis,
d'acteurs.... un âne est absolument nécessaire, et tout ce qui est nécessaire, ne
peut être méprisable. Ne parlons donc
plus de ces frivoles objections : convenons
de bonne foi que soit qu'on considère son
extérieur ou son intérieur, l'âne est le
plus utile et le plus parfait des animaux.

CHAPITRE XV.

Calomniateurs confondus.

Confucius, qui mourût environ sept
mille ans avant que je fusse né, recom-
manda aux Chinois de mépriser les injures, de les pardonner ; cette morale est
aussi celle des ânes de Montmartre, mais
ils ont un autre article dans leur Code
moral qui ne leur permet pas d'entendre
outrager la vérité et de se taire : il leur
est ordonné de la faire prévaloir, et de
confondre le mensonge. Le rang, le pouvoir, la fortune des imposteurs ne sont
point capables de leur imposer silence.
Protecteurs nés de la vérité, en tout

temps, en tout lieu, ils doivent toujours la défendre.

C'est pour me conformer à cet article que j'entreprends ici de justifier les ânes, de les laver des tâches horribles que leurs ennemis, et surtout les Babyloniens, s'efforcent de leur imprimer. On les accuse d'être entêtés, lâches, timides et méchants. Voilà, sans doute, un corps d'accusation bien grave : rien cependant de plus facile à détruire : c'est une pure calomnie.

L'âne a naturellement de la constance et de la fermeté ; c'est ce qui fait qu'en hébreux une ânesse s'appelle *athon*, qui vient du verbe *athana*, lequel signifie être ferme dans ses desseins : ce qui s'accorde assez bien avec ce qu'Homère dit d'Achille, dont il compare la fermeté à celle d'un âne, au livre second de son Illiade.

Si la constance et la fermeté sont louables dans ce héros, pourquoi en faire un crime dans un âne ? Pourquoi ce qui est vertu dans l'un, sera-t-il un vice dans l'autre ? On méprise un sénateur faible,

qui varie, qui chancèle dans son sentiment ; on rit de Soliman qu'un petit nez
retroussé fait penser à la Babylonienne,
et lorsqu'un âne est constant dans ses
résolutions, on dit c'est un opiniâtre, un
entêté. Une pareille inconséquence suffit
pour détruire ce premier chef d'accusation.

J'ai entendu dire à mon grand-père
que les ânesses de Babylone ont donné la
vogue à cette calomnie : mon enfant, me
disait-il souvent, si jamais tu vas dans
cette ville, prends garde aux ânesses ;
elles affectent une physionomie douce ;
on dirait que la simplicité coule de leurs
lèvres, l'orgueil et la vanité siègent dans
leur cœur. Ne te laisse jamais prendre
dans leurs filets, soit en leur présence,
soit en leur absence, dis toujours ce que
tu penses, et pense toujours vrai. Je sais
qu'en suivant mes conseils elles te détes-
teront ; tu passeras pour un impoli, un
entêté : n'en sois point alarmé. La haine
des sots est le trésor du sage.

J'ai reconnu depuis, par ma propre
expérience, que mon grand-père n'avait

pas tort. Les ânes les plus vieux, comme les plus jeunes, tout rampe devant les Babyloniennes. Cet avilissement général des ânes à courte oreille, a fait regarder ceux de Montmartre comme des entêtés : mais ce reproche fait leur triomphe et leur gloire.

On accuse en second lieu nos baudets d'être timides, de craindre l'eau. Lorsqu'un âne, dit-on, passe un pont ou une rivière, il frappe du pied, il n'avance qu'après avoir sondé le passage : à cela deux réponses : je trouve d'abord dans cette action de l'âne, une leçon admirable de prudence : en sondant ainsi le gué avec son pied, l'âne apprend à ceux qui se moquent de lui, qu'il ne faut jamais s'embarquer qu'avec beaucoup de précaution, dans les entreprises incertaines et périlleuses. Quand on ne veut point s'exposer au repentir, il faut prévoir les sottises. Ceux qui ont passé par le creuset de Saint Côme, entendront bien ce que je veux dire. La prévoyance n'a jamais été un défaut.

D'un autre côté, quand l'âne redouterait l'eau , ce ne serait pas une preuve qu'il est timide : il aurait cela de commun avec les plus grands hommes de l'antiquité. Voyez Ulysse dans l'Odyssée , Enée dans Virgile , la moindre tempête leur donne la colique : la raison en est fort simple : la mort qu'on trouve au milieu des flots , n'est ni glorieuse, ni digne d'un héros.

Quant au reproche de lâcheté , il est absolument destitué de fondement , et démenti par l'expérience. En vain l'on oppose que l'âne a les oreilles longues , et que tous les animaux de cette espèce sont craintifs. Ce préjugé ne m'affecte point. Que d'animaux dont on voit à peine les oreilles , et qui sont les plus grands poltrons de la terre. Laissons donc les oreilles de côté , et convenons qu'un bon mâle est toujours courageux : on ne contestera pas certainement cette qualité à l'âne : il a donc du courage. L'argument est sans réplique.

Il est vrai que l'âne n'est pas tapageur : on ne le voit point à chaque instant prêt à s'égorger pour des bagatelles , et comme une épée lui serait fort inutile , il n'en porte point. Nos jeunes baudets ne se font point un mérite de casser les lanternes, de battre ceux qui les servent , de mettre tout en désordre , tout en rumeur ; ces belles actions ne sont dignes que des baudets à courtes oreilles : on ne fait pas même à Montmartre une grande estime de la valeur , excepté dans le cas d'une légitime défense, on la croit fort inutile et quelquefois dangereuse. En général les ânes ont l'humeur pacifique. S'il n'y avait sur la terre que des ânes et des baudets , il n'y aurait ni guerre ni procès.

Dans l'occasion les ânes ont cependant donné des preuves de leur courage. La Mythologie payenne nous apprend que les Géants , ces enfants bâtards , de la terre , ayant formé le projet d'escalader le ciel et d'en chasser Jupiter , avaient fait une longue échelle avec plusieurs gros cailloux entassés les uns sur les autres. Déjà un de ces fameux étourdis était parvenu au dernier échelon ; déjà il avait un pied dans le ciel , et les dieux s'étaient réfugiés sous les oignons d'Egypte : il ne restait plus dans l'Olympe que Jupiter qui se débattait le mieux qu'il pouvait avec une poignée de foudre, et l'âne de Silène. C'était fait de la troupe immortelle ; c'était fait de Jupiter lui-même, si cet âne intrépide et sensible au malheur dont le ciel était menacé, ne se fut mis tout-à-coup à braire de toutes ses forces ; les voûtes du firmament retentirent de ces cris extraordinaires ; l'écho de l'abîme le répéta avec horreur : les géants effrayés crurent que l'univers s'écroulait sous eux ; en voulant fuir, ils se culbutent les uns sur les autres ; leur échelle se renverse et les écrase en tombant.

La défaite des géants fit tant d'honneur à l'âne de Silène, que les dieux reconnaissant lui donnèrent après sa mort une place distinguée dans le firmament : il est encore aujourd'hui au nombre des constellations et sa brillante étoile éclaire et confond les indignes calomniateurs des ânes de Montmartre ses descendants, ses pareils.

Hérodote, le père de l'histoire, nous fournit aussi un exemple de la bravoure des ânes. Je le cite préférablement à une foule d'autres , parce qu'en même temps il va démontrer que le cheval lui-même qu'on croit si courageux , doit le céder à l'âne. Hérodote rapporte que les perses étant en guerre avec les scythes , les derniers étaient montés sur des chevaux , les premiers n'avaient pour monture que des ânes , animaux inconnus alors en Scythie. A peine les deux parties en furent venus aux mains , qu'animés par la chaleur du combat , les ânes se mirent à braire avec véhémence. Ce cri général et inattendu , jeta l'effroi dans le cœur des scythes et de leurs chevaux : ils se débandent , on les poursuit , ils sont vaincus.

Plutarque rapporte dans la vie d'Alexandre , un exemple encore plus mémorable du courage et de l'intrépidité de l'âne : il doit confondre tous les calomniateurs. Cet auteur raconte qu'un âne combattit avec un lion : l'attaque et la défense fut très-vive de part et d'autre : l'ane avec ses dents , sa tête et ses pieds , fit des prodiges de valeur. On dit qu'il y perdit une oreille , mais le lion en fut la victime , il expira sous ses coups.

Je crois que ces exemples suffisent pour prouver que l'âne n'est ni lâche, ni timide : on défie les ânes de Babylone d'en citer autant.

On accuse enfin l'âne d'être méchant : cette accusation est d'autant plus atroce, que dans tous les temps l'âne a donné des preuves, non-seulement de sa bonté, mais encore de son antipathie pour les méchants : cette aversion lui est si naturelle, que l'auteur du livre latin *De quadrupedibus*, a dit, que lorsque l'âne aperçoit un loup, il tourne aussitôt la tête pour ne pas le voir. Jugez de son éloignement pour la méchanceté, si la vue seule du méchant le fait frémir ! Hélas combien d'ânes à courtes oreilles, qui n'ont pas la même délicatesse. Si le rapport qu'on m'en a fait est véritable, loin de fuir les loups, ils encensent jusqu'aux crapauds.

L'ancienne mythologie contient un exemple si frappant de l'aversion des ânes pour la méchanceté, que je croirais manquer à ce que je dois à ces respectables animaux, si je le passais sous silence. O vous tous qui semblables à Mécène, feignez de dormir, lorsque de riches protecteurs veillent avec vos femmes ou vos filles, ânes postiches, écoutez ce que fit autrefois un âne véritable, et rougissez.

Vous savez peut être que Vesta était une déesse, jeune et jolie, qui avait juré par le Styx, que jamais aucun Dieu, encore moins un mortel ne toucherait à certaine petite rose dont en naissant lui fit présent la nature. Déjà quinze ans s'étaient écoulés, et Vesta n'avait point violé son serment. Qui serait vertueuse, si une déesse ne l'était pas ? N'allez pas croire cependant que sa fidélité n'eût point été mise à l'épreuve. Tous les dieux avaient tenté de ravir la rose, tous excepté Priape, s'étaient avoués vaincus ; ce Priape avait le don de la persévérance : avec elle il prétendait obtenir la rose ; mais hélas le pauvre Dieu n'avait pas mieux réussi que les autres, et Vesta riait de ses tourments.

Un jour que cette jeune déesse, assise sur un lit de gazon, réfléchissait sur les différents assauts qu'elle avait repoussés, et s'applaudissait en secret de ses triomphes, un doux sommeil se glissa sur ses paupières, sans s'en apercevoir, elle s'endormit. Priape était aux aguets : ce sommeil involontaire était son ouvrage. Dégoûté de la persévérance, le fripon avait eu recours à la ruse. Oh ! pour le coup, dit-il en s'approchant, la rose est à nous. Il dit et déjà.... Un âne paissait aux environs ; il s'aperçut des criminels desseins du Dieu : indigné de sa témérité, il se met à braire : Vesta s'éveille. Priape... Priape est disparu.

Lactance nous apprend que c'est en mémoire de cet important service, qu'autrefois pendant les fêtes de Vesta, on promenait dans les rues de Rome, des ânes couronnés de fleurs, avec des pains suspendus à leur cou. Honneur bien légitime sans doute ! On ne saurait trop récompenser les amis de la vertu.

Rentrez donc dans le néant, infâmes calomniateurs, ou rendez hommage à la vérité : cette fermeté que vous reprochez à l'âne, loin d'être un défaut, est une vertu que n'eurent jamais vos pareils : sa timidité est une sage prudence. Il n'est ni lâche, ni méchant. Vous seuls méritez ces reproches odieux. L'âne pourrait ici se venger, il pourrait révéler vos vices, et vous couvrir d'ignominie........ mais non. C'est assez que d'avoir vengé la vérité outragée, il faut épargner les coupables.

CHAPITRE XVI.

Le coup de patte.

Pour achever de démontrer la supériorité de nos baudets sur tous les animaux en général, et sur les ânes à courtes oreilles en particulier, il ne sera pas hors de propos de dire ici quelques mots sur les ânesses de Babylone; elles influent trop sur la société, pour les passer sous silence.

Si ce n'est pas l'usage de chercher ce qu'on a, il en faut conclure que les Babyloniennes n'ont jamais eu la beauté en partage; elles la cherchent toute leur vie. Ce qu'il y a même de fort singulier, c'est qu'elles s'imaginent que c'est une marchandise qui se trouve au marché, et qu'avec de l'argent on peut l'acheter. En conséquence, elles courent soir et matin chez les marchands, pour en faire l'emplète : malheureusement aucun de ces vendeurs de beauté, n'a le privilège de la livrer en gros, ils ne la donnent qu'en détail ; et chaque marchand ne tient souvent que d'une espèce. Chez celui-ci, ce sont les roses ; chez celui-là, ce sont les lys : ici l'on trouve la fraîcheur ; d'un autre côté, on vend des dents ; ailleurs on distribue des boucles, des chignons ; un sixième tient magasin de gorges de tout âge, de toutes grosseurs ; un septième enlève la barbe ; un huitième fournit de quoi faire des sourcils, et ainsi du reste. De façon qu'une femme est obligée de parcourir trente-six boutiques, avant que d'avoir rassemblé tout ce qu'il lui faut pour devenir belle.

De retour au logis, c'est un autre opéra ; il faut recoudre tous ces lambeaux séparés. Pour y parvenir, on a recours à des ravaudeuses de beauté, qu'on nomme femmes de chambre : c'est un ouvrage immense. A peine deux heures de travail suffisent pour en venir à bout : il y a toujours quelque couture qui fait mal. Il n'est pas si facile qu'on pense de faire paraître neuf, un visage composé de pièces et de morceaux. Heureuse l'ânesse qui a une ravaudeuse habile ! elle retournera sa figure de toutes les façons.

Les Babyloniennes n'étant pas naturellement belles, n'ont qu'une idée fort imparfaite de la beauté : cette idée est même très-sujette à changer. C'est ce qui a fait croire à plusieurs naturalistes, que la beauté est une chose de pure convention, qu'elle n'a rien de réel. D'autres, frappés de l'espèce d'uniformité qu'ils ont remarquée dans les traits de toutes les ânesses, n'ont osé décider la question. Pour moi, après avoir examiné fort scrupuleusement les Babyloniennes, j'ai observé que ce changement et cette uniformité venaient de ce que dans la capitale, il paraît de temps en temps, un modèle auquel toutes les ânesses qui aspirent au titre de jolies, doivent se conformer. Je me rappelle que dans mon dernier voyage, ce modèle avait la chevelure blonde : il y avait de quoi désespérer celles qui étaient brunes. Par bonheur on inventa une poudre rougeâtre, qui les mit à l'unisson ; de sorte que toutes les ânesses de Babylone furent blondes.

Je pense que le modèle en question, n'est qu'un buste terminé en pointe, posé sur un piédestal ovale, revêtu d'une riche draperie, qui tombe par-derrière jusqu'à terre. Du moins, telle est est la forme de toutes les Babyloniennes : plus elles sont pointues par le bas du buste, plus elles approchent du modèle, plus elles se croient jolies. Leur corps ressemble à un cône renversé : leur tête est placée sur la base du cône, et la pointe porte sur un piédestal ovale, tel que celui dont je viens de parler : c'est là ce que l'on appelle une femme.

Comme le modèle n'a ni pieds, ni jambes, et que les ânesses de Babylone en ont, cette imperfection leur cause bien de l'embarras : elles font tous leurs efforts pour cacher cette difformité. Communément elles disent qu'elles n'ont point de

pieds , ou qu'ils sont si petits , si petits ;
que ce n'est pas la peine d'en parler.
Malheur à celles à qui la nature en a donné
de bien dodus , on les pressera , on les
gênera , jamais ils ne verront le jour.
Aussi , pourquoi les cordonniers n'ont-ils
pas l'esprit de les rendre invisibles ? A
coup sûr , ce sont des sots.

On devine aisément que n'ayant pas de
pieds , ou du moins feignant de n'en pas
avoir , il n'est pas possible que les Babyloniennes puissent marcher : elles ne sont
pas faites pour cela. On les accuse cependant d'être toujours en mouvement, de ne
pouvoir rester un seul moment à la même place : cela n'est pas surprenant , une
girouette doit tourner au moindre vent.

Ces qualités extérieures sont soutenues
par des caprices sans nombre, un million
de grimaces, et un babil sans fin. Elles
se détestent réciproquement , et ne se
plaisent qu'avec les ânes du même pays.
Elles leur font accroire qu'elles sont les
créatures les plus parfaites , les plus ac-
complies qui soient dans l'univers. A
force de l'entendre répéter, ces ânes s'i-

maginent bonnement qu'elles ont raison :
ils leur ont dressé des autels ; ils ne re-
connaissent point d'autres dieux.

A Montmartre, l'âne et l'ânesse vont
d'un pas égal; l'un ne se croit pas plus
que l'autre ; tous deux travaillent, tous
deux sont utiles à la patrie. A Babylone,
c'est bien différent ; les ânesses sont des
reines : des reines ne travaillent pas : les
ânes sont leurs sujets, leurs esclaves, et
quelque chose de pis encore.

Une ânesse qui a bien su copier le modèle du jour, est la boussole de l'enten-
dement des Babyloniens. C'est elle qui
dirige leurs pensées, leurs paroles, leurs
actions. Rien ne sera bien dit, rien ne
sera bien fait que ce qu'elle aura dit, fait
ou fait faire : lui désobéir, est un crime
de lèze-beauté divine. Quiconque n'en-
cense pas l'idole, est regardé comme un
athée ; les foudres de l'indignation ont
déjà frappé sa tête, il ne parviendra jamais.

J'ai connu un âne de robe, qui avait
pour maîtresse, une de ces soi-disantes
beautés divines ; c'était elle qui dictait

ses arrêts : celle-ci a décidé que deux ânes d'épée doivent s'égorger, il faut qu'ils s'égorgent, un poste est vacant, un mauvais sujet le demande, une ânesse le protège, le poste est à lui. Une ânesse titrée déclare que telle autre ânesse est sujette à faire de faux pas; fut-elle l'ânesse la plus ferme du monde, il faut que tous les ânes de l'assemblée soient de son avis ? Sans cela point de miséricorde. Un simple doute est un crime; et l'ânesse qui donne le ton, fut-elle la plus abominable ânesse de Babylone, il faudra lui supposer des vertus.

Les ânes de Montmartre ne sont pas si complaisants; ils croiraient faire un crime horrible s'ils étaient juges, de ne prendre pour loi, que le caprice de leur maîtresse, ce serait Vénus elle-même qui leur présenterait un mauvais sujet, ils se reprocheraient toute leur vie, s'ils le préféraient à un âne de mérite. Jamais on ne les entendra, pour faire leur cour, louer les présents, et parler mal des absents. Qu'on les traite, si l'on veut, d'ânes grossiers, d'ânes sans principes, sans

éducation, ils ne s'en fâcheront point.
C'est acheter trop cher le titre de poli,
que de le payer aux dépens de l'honneur
et de la vérité.

CHAPITRE XVII.

Les trois points.

Ce n'est pas assez pour apprécier le
mérite d'un animal, que de connaître la
nécessité des services qu'il rend, ses
bonnes ou mauvaises qualités, et celles
de ses rivaux ; il faut encore considérer
l'étendue des soins qu'il exige, les frais
qu'il occasionne, les accidents auxquels
il est sujet. Or, sous ce triple point de
vue, l'âne doit encore l'emporter sur le
reste des animaux.

Un Anon vient de naître : insensiblement sa mère va l'élever. A peine aura-t-il
deux ans, qu'il sera en état de rendre
service à son maître ; il est utile avant que
d'être onéreux. Son enfance n'exige aucun soin. Jamais on n'a emmailloté les
Anons, jamais on n'en a vu de contre-

faits : c'est la nature qui les forme, rien d'imparfait ne sort de ses mains. En avançant en âge, il ne devient pas plus embarrassant : je l'ai déjà dit, la toilette d'un âne est la plus courte et la plus facile des animaux. Il n'est point sujet comme eux à la vermine ; ainsi qu'on l'étrille ou qu'on le néglige, c'est indifférent pour lui. Si quelque chose le gêne, il se roule par terre ou se frotte contre un arbre ; il n'a besoin ni de valets de chambre, ni de laquais : il se sert lui-même. Sa vieillesse n'est point incommode ; à peine s'aperçoit-on qu'il n'est plus jeune ; sur les bords de sa tombe, comme au printemps de son âge, il aime à rendre service, il travaille sans cesse, il n'en est que plus précieux.

Quant à sa dépense, elle est fort légère ; et par conséquent peu dispendieuse. Un de nos habiles calculateurs a même démontré, qu'un eniom, un enionahc, un cochon, mangent plus en une heure, qu'un âne de bon appétit en huit jours. Aussi depuis que Montmartre existe, on n'a jamais entendu dire qu'un baudet fut mort de gras fondu : ils n'ont pas même d'indigestions. L'âne doit cet avantage à sa sobriété ; frugal dans ses repas, il ne mange rien de ce qui sait pouvoir lui être nuisible ; il ne prend de nourriture, qu'autant qu'il en a besoin pour vivre. Peu friand, il mange tout ce qu'on lui donne (*). Sa boisson est le seul objet sur lequel il est d'une délicatesse extrême : il ne veut que de l'eau bien nette, bien claire ; il se passera plutôt de boire une journée entière, que de se désaltérer dans des bourbiers, dans des marais : tel est l'âne dans ses repas, un chardon encore vert, une source d'eau pure, voilà son nectar, voilà son ambroisie.

Il est aisé de voir qu'on peut régaler l'âne à peu de frais, c'est ce qui a fait dire au judicieux auteur du spectacle de la nature, que l'âne est le moins coûteux et

----

(*) Diogène Laerce dit que Chrysippe voyant un âne qui mangeait de bon appétit un plat de figues, fit apporter du vin dans un seau, afin qu'il ne mangeât pas sans boire. L'âne en ayant bu cinq ou six pintes en deux traits, Chrysippe y prit tant de plaisir, qu'il en mourut à force de rire : c'était mourir à bon marché.

le plus utile des animaux. On l'achète
lui-même à bon compte : on vend des
chiens, des singes, des oiseaux, cent
écus, quatre cents francs ; un âne bien
étoffé ne coûte pas vingt écus : tant il est
vrai que ce n'est pas par leur prix, qu'il
faut juger des choses.

Les moutons sont sujets à la gravelle,
les chèvres ont la salive brûlante et ve-
nimeuse. Folette, cette chienne si douce,
si tranquille, est furieuse, elle écume,
elle mord, elle enrage ; ce beau cheval
était hier si léger, si vif, aujourd'hui à
peine peut-il faire quatre pas; il est pous-
sif. L'homme enfin est accablé d'une in-
finité de maux ; les Babyloniens en trouvent jusques dans le sein du plaisir. L'âne
est le seul dans la nature (*) qui a le privilège d'être exempt de tous les maux.

Spécifique de Nicole, élixir de Garrus,
vous n'obtiendrez point à vos maîtres des
habits brillants, des équipages, des laquais, les ânes n'ont pas besoin de vous.
La célèbre école vétérinaire manquerait

(*) On dit que l'âne est sujet à la gale, mais
M. Buffon assure que c'est fort rare.

d'occupation , s'il n'y avait que des ânes dans le monde : nés robustes , endurcis par le travail , modérés dans leurs repas , nos baudets ne prennent point de Kirsch-Wasser pour aider à la digestion ; ils ignorent ce que c'est que d'être malade ; la santé brille dans leurs yeux ; le germe de la vie est dans leur cœur. Les ânesses partagent avec eux ce rare avantage , et leurs petits naissent sains et robustes comme eux.

Ce n'est point non plus l'usage parmi les ânes de Montmartre , de rougir de sa santé ; ils n'ont point de ces maladies complaisantes , qui surviennent et se dissipent à la volonté du malade. On n'a jamais vu à leur lever , un disciple d'Esculape leur tâter le pouls , leur regarder la langue , et prenant du tabac d'Espagne dans une boîte d'or , ordonner un lait de poule à Madame , et des restaurants à Monsieur. La satisfaction , un bon régime , de l'exercice , voilà les remèdes de l'âne , voilà ses médecins.

CHAPITRE XVIII.

Propriétés de l'Ane.

J'étais sur le point de terminer cet éloge, lorsque j'ai trouvé encore différents matériaux qui appartiennent à mon sujet. Comme je ne ressemble pas à ces architectes qui ont toujours soin de mettre en réserve de quoi bâtir leur maison en réparant celles des autres ; je vais employer les matériaux qui me restent, et je vais d'abord commencer par les propriétés de l'âne.

Si nous en croyons les anciens auteurs, les propriétés de l'âne sont infinies : sa tête enterrée au milieu d'un jardin, le rend plus fertile, plus fécond ; ses os pilés, et bus avec du vin sont un contre-poison ; la colle qu'on fait en Chine avec sa peau, délayée dans de l'eau tiède, arrête les pertes de sang. Avez-vous le mal caduc ? Prenez la corne du p'ed d'un âne, réduisez-la en cendres, jetez ces cendres dans un verre de vin, prenez ce

breuvage , ayez la foi et vous serez guéri.
Si vous avez des écrouelles , des engelu-
res , appliquez ces cendres sur les parties
affligées , et vos douleurs disparaîtront.
La fumée de cette même corne , facilite
l'accouchement d'une femme dont l'enfant est mort. Trois ou quatre gouttes de
sang d'âne bu dans du vin , guérissent de
la fièvre continue. Pline dit que l'eau qui
reste dans le seau après que l'âne a bu ,
apaise les maux de tête ; ses reins , ajoute
le même auteur , guérissent d'un mal
assez drôle , c'est l'incontinence. Il n'y a
pas jusqu'à l'urine d'âne , jusqu'à ses excréments qui ne soient utiles et bienfaisants.

Quel nouveau spectacle (*) frappe mes

____

(*) Le lait d'ânesse est un remède éprouvé et
spécifique pour certains maux. L'usage de ce
remède s'est conservé depuis les grecs jusqu'à
nous. Pour l'avoir de bonne qualité , il faut lui
choisir une ânesse jeune , saine , bien en chair ;
qui ait mis bas depuis peu de temps , et qui
n'ait pas été couverte depuis. Il faut lui ôter
l'ânon qu'elle allaite , la tenir propre , la bien
nourrir de foin , d'avoine , d'orge et d'herbes
dont les qualités salutaires puissent influer sur
la maladie : avoir attention de laisser refroidir
le lait , et même de ne pas l'exposer à l'air ; il
se gâterait en peu de temps.

regards ! Où vont ces ânesses ? O toi qui les conduit en faisant claquer ton fouet, et crachant des injures au nez des passants, parles ! Instruis-moi, où diriges-tu tes pas ? Quoi, tu vas dans le palais des grands ! Ces animaux qu'ils méprisent, leur sont donc nécessaires ! Oui sans doute, ils leur sont nécessaires : victime des plaisirs qu'ils ont tant désirés, le nectar des dieux s'est changé pour eux en poison. Leur santé ébranlée, leur corps chancelant, tout chez eux annonce un dépérissement total. A qui s'adresseront-ils dans ces tristes moments ? Quel objet dans la nature sera capable de les arracher des bras de la destruction ? Seras-ce vous, lions superbes, tigres furieux, terribles léopards ? Non ; loin de sauver leurs jours du naufrage, vous les engloutiriez aussitôt. Seras-ce vous, froids habitants de l'onde, ou bien vous, délicats volatiles, perdreaux, bécasses, faisans ? Hélas ! Vous êtes la plupart les auteurs de leurs douleurs cruelles ; loin de les soulager, vous redoubleriez leurs tourments. Cédez la place à cette ânesse qui s'avance ; elle porte dans ses mamelles, la santé et la vie.

Le lait d'ânesse (*) est également favorable aux grâces, comme à la santé. Il les ranime, les conserve, les embellit. Poppée, cette brillante coquette de l'ancienne Rome, pour réparer les désordres qu'occasionnaient à sa beauté des plaisirs trop souvent réitérés, se plongeait dans des bains faits avec du lait d'ânesse. C'est ainsi qu'elle sut prolonger le règne de ses charmes ; c'est ainsi que de simple grisette, elle devint la femme de Néron, et monta sur le trône des Césars.

(*) On peut voir à ce sujet, Suétone dans Oton, ch. 12 ; Martial, liv. X, ch. 86 ; Juvénal, satire 6 ; Pline Hist., liv. XI, ch. 41, Liv. XXVIII, ch. 12. Ces auteurs qu'il ne faut cependant pas toujours croire sur leur parole, nous apprennent que Poppée était souvent accompagnée de 500 ânesses, dont on tirait le lait pour faire un bain. Ce qui est plus croyable, c'est qu'ils disent que les romains efféminés et délicats, se frottaient le visage et la peau, avec du pain trempé dans du lait d'ânesse ; soit pour se blanchir le teint, soit pour empêcher la barbe de pousser. Ils se faisaient le soir un masque de ce pain, et ne l'ôtaient que le lendemain : il paraît que les petits maîtres de Rome, ne valaient pas mieux que ceux de Babylone.

Où trouvera-t-on dans l'univers , un animal (*) qui réunisse à la fois des propriétés si grandes , si variées ? Les anciens faisaient des flûtes avec des os d'ânes , et les trouvaient admirables. Les turcs font avec sa peau du chagrin ; les chinois de la colle ; les français des cribles ; et partout des souliers , des timbales , des tambours.

A l'égard de la chair de l'âne , quoi qu'en dise le très-vénérable Galien , elle n'est point dangereuse ; celle des ânons a même toujours passé pour très-délicieuse. Est-elle fraîche ? On croit manger du

---

(*) Albert , le grand Albert , assure très-fermement , qu'on ne verrait jamais la fin des semelles des souliers qui seraient faites avec les endroits de la peau de l'âne , endurcis par les fardeaux qu'il porte. Pour moi , j'assure qu'il y a plus d'un savant qui a dit des sottises , sans compter ceux qui en ont fait *à l'égard de la chair......* Voyez Orose , liv. VII , ch. 37 , et Aulugelle , liv. VII , ch. 15. Les viandes les plus recherchées , étaient les paons de l'île de Samos ; les faisans de la Phrygie ; les grues de l'île de Milo ; les chevreaux d'Ambracie ; les jeunes thons de Calcédoine , les lamproies de Tartefe ou Tarifa ; les ânons de Pessinunte ; les huîtres de Tarente , etc.

lièvre. Commence-t-elle à se flétrir ? On la confond avec du cerf. Les grecs et les romains, ces célèbres gourmands, mettaient la chair d'âne au rang des mets les plus exquis. Mécènes, ce favori d'Auguste, qui chérissait tant les gens d'esprit, aimait aussi les ânons ; il en mangeait toujours avec un plaisir nouveau : il leur trouvait un goût admirable. Varron nous assure que de son temps, on n'en servait que sur la table des rois et des Pontifes : ce qui fait qu'on appelait l'ânon, un mets pontifical. Il ajoute que ceux de Reate et de Pessinunte, étaient les plus recherchés ; qu'on en achetait souvent un seul, quarante mille sexterces, qui font à peu près mille écus.

Orose fait mention d'un sénateur nommé Axius, qui aimait pareillement les ânons ; mais il paraît qu'il n'était pas aussi scrupuleux que ses confrères : car il n'achetait les siens, que cent écus, quatre cents francs.

Aulugelle, dans la liste qu'il nous a laissée des mets friands et précieux, a placé les ânons ; il nomme ceux de Pessin ou Pessinunte, comme les plus estimés.

Dans des temps moins reculés, le chancelier Duprat mit en France la chair d'ânon en réputation ; on en servait sur les meilleures tables de Babylone : et un repas sans un morceau d'ânon, ne fut plus un grand repas.

Il y a encore des pays où les ânons sont le plat du maître, le morceau le plus friand. Nos voyageurs rapportent qu'en Afrique on va à la chasse aux ânons sauvages, comme en Allemagne à la chasse au daim, au sanglier. On les prend dans des filets ; et la chair en est exquise.

Terminons ici cette légère esquisse des propriétés de l'âne : elle doit suffire pour convaincre de l'utilité et de la supériorité de cet animal ; il se donne en totalité pendant sa vie ; il sert encore en détail après sa mort : un Dieu n'en ferait pas davantage.

CHAPITRE XIX.

L'Ane est infaillible.

On a demandé s'il existait dans la nature un être incapable de se tromper : on peut répondre affirmativement que c'est un âne qui prédit le beau temps ou la pluie : il ne se trompe jamais.

Je n'entreprendrai point ici d'expliquer la raison de ce phénomène extraordinaire ; l'âne a-t-il une connaissance supérieure à l'homme sur cet objet ? Est-ce chez lui un don surnaturel, ou cela dépend-t-il de sa constitution physique ? C'est ce que j'ignore. Je laisse ce problème à résoudre à quelque académicien célèbre, curieux de connaître le principe des choses. Pour moi, je me contente de mettre à profit leurs effets : je n'en cherche pas davantage.

Je sais qu'il y a des ânes à courtes oreilles qui s'avisent aussi de prédire la pluie et le beau temps : on les nomme des astrologues, des faiseurs d'almanachs.

Je me suis même une fois avisé de vérifier leurs prédictions ; j'ai reconnu que
depuis l'almanach doré sur tranche, jusqu'à celui qu'on habille en bleu, ce sont
tous imposteurs. L'âne seul est infaillible :
le temps qu'il annonce, arrive toujours.

Cette infaillibilité a été cause que dans
le temps qu'en France, les rois avaient
à leur gage des fous, des astrologues, des
sorciers ; un âne fut décoré de la place
d'astrologue ordinaire du roi suivant la
cour. C'est sous Louis XI, que les chro-
nologistes ont placé ce célèbre évène-
ment. Un jour que ce prince, après avoir
consulté son astrologue qui lui avait pro-
mis le plus beau temps du monde, s'a-
musait à chasser, je ne sais dans quelle
forêt, il rencontra un vieux charbonnier
qui marchait fort tranquillement avec un
âne. Louis XI, qui aimait à parler, ne
put s'empêcher de questionner ce bon
homme. Entre autres choses, il lui de-
manda si la journée se passerait sans
pluie. Le charbonnier répondit qu'il ne
tarderait pas à pleuvoir, qu'il en était
sûr ; que son âne lui avait dit. Le roi rit

beaucoup de cette réponse , et continua de chasser ; cependant le ciel se couvre , la pluie commence ; et Louis XI , tout roi qu'il était , fut honnêtement mouillé. Il reconnut alors que le charbonnier et son âne , n'avaient pas tort ; il fit venir l'un et l'autre à la cour , leur donna les mêmes appointements qu'à son astrologue , qui fut chassé avec ignominie.

Comme le mérite , surtout lorsqu'il est récompensé, soit à la cour, soit ailleurs, fait des jaloux ; on a tâché de diminuer celui de l'âne. On a dit qu'il n'est pas le seul animal dans la nature , qui soit en état de faire de bons almanachs. Des grenouilles, des hirondelles , des macreuses, des plongeons , des canards , des chats , etc. , se sont mis sur les rangs : ce sont des envieux, on ne doit point les écouter. J'ai même lu quelque part , que toutes leurs prophéties sont fausses , incertaines , schismatiques , erronées ; au lieu que celles de l'âne sont de la dernière évidence. Se roule-t-il sur la terre ? Soyez persuadé que dans peu vous aurez du beau temps. Dresse-t-il les oreilles ?

Marche-t-il de côté ? C'est signe de pluie.
Consultez cet almanach , et vous verrez
qu'il ne ment jamais.

CHAPITRE XX.

Honneurs rendus à l'Ane.

Le chapitre précédent nous apprend que
l'âne n'a pas toujours été méprisé de tout
le monde , et qu'il s'est trouvé des gens
sensés qui ont rendu justice à son mérite.
L'envie a beau se déchaîner contre la vérité , le vrai mérite triomphe toujours.

J'ai déjà parlé de la cause qui mérita à
l'âne de Silène , une place honorable
parmi les astres du firmament. J'ai ra-
conté le triomphe de ces animaux à Rome
pendant les fêtes de Vesta ; j'ai fait mention de cette statue que les habitants de
Napoli érigèrent en l'honneur de l'âne ,
inventeur de l'art de tailler la vigne. Enfin l'on a vu que les plus grands hommes
ont été comparés à l'âne , que les plus illustres familles ont été décorées de son
nom ; et que plusieurs graves personna-

ges l'ont toujours préféré au cheval. Tous ces faits annoncent quel est le prix de l'âne, quel estime on doit en faire, et combien sont mal fondés les préjugés des Babyloniens.

Plutarque, dans la vie de Caton, parle d'une mule digne race de l'âne, qui ayant rendu de longs et importants ser-vices au peuple d'Athènes, fut exemptée de travail et autorisée à paître partout où elle voudrait : cette respectable bête, quoique fort âgée, se plaçait encore devant les chariots qu'elle rencontrait, et encourageait dans son langage, les ani-maux qui les traînaient, souvent elle leur prêtait son secours. Cette rare activité produisit un si grand effet sur l'esprit des athéniens, qu'ils ordonnèrent que cette mule serait nourrie toute sa vie aux dépens du public. Anes à courtes oreil-les, qui jouissez du même privilège, combien parmi vous qui ne l'ont pas ac-quis à si juste titre ?

Quelques grands (*), quelques signalés

____

(*) Cette fête de l'âne se célébrait à Cambrai,

que soient les honneurs , les priviléges
accordés aux ânes , par les anciens , ce
n'est rien en comparaison de ce que les
modernes ont fait pour ces vénérables
animaux. On a institué une fête en l'honneur de l'âne , et cette fête fut célébrée
longtemps dans les plus grandes villes de
la France , avec toute la pompe et la ma-
gnificence possible. On revêtait un âne
d'ornements superbes : il assistait à un
office composé en son honneur : on lui
donnait l'encens , la plus belle place était

à Autun , à Rouen , etc. Le Sous-Diacre d'Office
dans certains lieux accompagné des enfants de
chœur , après avoir décoré le dos d'un âne d'u-
ne grande chappe , allaient le recevoir à la porte
de l'Eglise , en chantant une antienne dont un
des versets est assez drôle. Le voici :

Aurum de Arabiâ
Thus et mirrham de Sabâ,
Tulit in Ecclesiâ
Virtus asinaria.

C'est-à-dire, suivant M. de Sainte Foix ,
que la vertu asinine a enrichi le *Clergé* ; on
pourrait lui dire que sa traduction n'est pas fi-
dèle ; qu'il y a dans le latin l'Eglise, et non le
Clergé : mais il ne faut pas chicaner sur les
mots.

pour lui, enfin il était reconduit avec le plus grand appareil au lieu où on l'avait pris. Faut-il que des usages si beaux, des honneurs si légitimement dus, aient été abrogés ? Il y a des gens qui soutiennent qu'ils n'ont point été abolis, mais que ce sont des ânes à courtes oreilles qui ont usurpé ces honneurs. Qu'ils ont encore la première place dans les cérémonies, qu'ils portent des ornements magnifiques, qu'on leur donne l'encens........ c'est une injustice de plus : ô postérité, postérité, tremble ! Le crime de tes pères retombera sur la tête des enfants.

Que c'est avec plaisir que je me rappelle cette sensibilité dont autrefois les sancerois furent pénétrés envers les ânes, lorsqu'ils furent obligés de les tuer pour vivre. Cette histoire, quoique douloureuse, fait trop d'honneur aux ânes pour n'en pas embellir cet éloge. Elle est digne d'être transmise aux siècles les plus reculés.

Vous saurez donc, ô vous tous qui naîtrez un jour, ânes futurs, que du temps de Charles IX, temps de guerre et de désolation, Sancere fut assiégée et réduite aux dernières extrémités : on mangea les rats, les souris, et comme les chats devenaient inutiles, on les mangea aussi. Les ânes furent seuls épargnés : on aima mieux se nourrir des plus vils excréments, que de faire périr ces utiles animaux. Cependant la disette augmente, tout manque, et il n'arrive aucun secours. On se résolut enfin à manger les ânes : c'était une désolation que de voir les repas de ces pauvres sancerois. Non jamais la tendre Héloïse n'a tant soupiré en écrivant à Abeilard. Jamais Candide n'a fait entendre des cris aussi aigus sur la mort du docteur Panglos, que Sancere en mangeant des baudets. Quand il fallut tuer le dernier, la pitié s'empara de tous les cœurs. La perte de ce dernier reste du plus précieux des animaux, fut pleurée plus amèrement que celles des premiers nés d'Egypte, et l'on ne peut douter qu'il ne se soit trouvé des sancerois assez généreux pour préférer la mort à une vie conservée au prix de celle d'un âne. Sancere, Sancere, petite ville du Berry, tu

9

ne seras point confondue avec les autres villes de la France ; cette action passera à la postérité, et ta sensibilité t'assure une gloire immortelle.

Je ne suis point étonné (*) quand je réfléchis sur les honneurs qu'on a rendus aux ânes dans tous les temps, qu'on ait soupçonné des nations entières de l'adorer comme un Dieu. Ce qui me surprend au contraire, c'est qu'on se soit avisé de

---

(*) Les juifs ont été soupçonnés d'adorer la tête d'un âne ; ainsi qu'il est aisé de s'en convaincre par le témoignage de Joseph, liv. II, contre Appion, de Petrone, de Tacite, de Plutarque et de Démocrite, cité par Suidas. Tertulien nous apprend qu'on a eu les mêmes soupçons sur les premiers chrétiens, qu'on confondait sans doute avec les juifs.

Plusieurs savants se sont fort agités pour découvrir l'origine et la cause de ces soupçons. Les uns les ont rejetés sur les Gnostiques, qui disaient que Zacharie avait été assassiné pour avoir révélé qu'il avait vu une tête d'âne dans le Saint des Saints ; ceux-ci ont prétendu que cela provenait d'une équivoque, et qu'on avait pris l'urne dans laquelle on conservait la manne du désert, pour une tête d'âne. Il y en a enfin qui ont cru qu'effectivement il y avait des têtes d'ânes dans le temple. On a produit de part et d'autre des pièces justificatives de son sentiment : *et adhuc sub Judice lis est.*

leur en faire un crime. On a rendu un culte à des animaux qui n'avaient rien de divin, à des animaux dangereux, inutiles. On ne s'est point avisé de contester leur divinité : pourquoi chicaner sur celle des baudets ? Le veau d'or des juifs copié sur le bœuf des égyptiens, ne vaudra jamais un âne.

Vous qui avez encore pour ces sublimes animaux, un respect qui va jusqu'à la vénération ; habitants de Maduré, sages Cavaravadouques, loin de vous blâmer, vous recevrez ici mes éloges. Vous regardez les ânes comme les êtres les plus nobles, les plus parfaits qui soient sur la terre ; vous les chérissez comme vos frères, vous les traitez comme vos amis, puisse votre opinion devenir celle de l'univers !

CHAPITRE XXI.

Le Trône.

A considérer les préjugés reçus, on dirait que plus on est méchant, plus on est terrible, plus aussi on est respecté des mortels : si la crainte fit les dieux, la terreur est la mère des rois.

On a décerné au lion les honneurs de la royauté : quel est donc son titre pour aspirer à ce rang suprême? Il est le plus cruel, le plus sanguinaire des animaux : Est-ce donc en égorgeant ses sujets, qu'on règne sur eux? La barbarie serait-elle la fille aînée des rois ?

J'ai une idée plus grande, plus sublime du pouvoir suprême. Un roi doit être juste, éclairé, bienfaisant : chargé de veiller sur le bonheur des autres, il doit se sacrifier pour les rendre heureux. Concilier le bien être général avec l'intérêt de chaque particulier, voilà le but de ses travaux. Si vous mettez sur le trône un cœur barbare, un monstre, ce n'est point un roi ; c'est le fléau de l'univers.

Que le lion (*) cesse donc d'usurper un

(*) Voyez à ce sujet la fable de La Fontaine, qui a pour titre : la Génisse, la Chèvre et la Brebis, en société avec le Lion ; elle confirme ce que j'avance. Celle qui a pour titre, la cour du Lion, en est aussi une preuve.

titre qu'il ne mérita jamais ; un roi doit être le père de ses sujets ; le lion en est le bourreau. Il s'abreuve de leur sang, il se nourrit de leur chair : est-il dans la nature un monstre plus détestable ? Fuyons loin des lieux qu'il habite. Il est dangereux d'être auprès des tyrans.

Le cheval est trop fier, trop plein de lui-même pour monter sur le trône. Un roi doit être populaire, la dureté ne doit point siéger dans son cœur. Elevé au-dessus des autres, il n'en est pas moins leur égal ; il est faible et mortel comme eux. Le cheval n'est occupé que de lui-même, audacieux, plein de feu, il voudrait être adoré. Un roi ne doit être que bien aimé.

Seras-ce au mouton que nous donnerons le diadême ? Il est doux, paisible, compatissant, il fera des heureux. Vous vous trompez : les deux extrémités sont également à redouter sur le trône. Un prince méchant et un roi trop bon, s'avancent d'un pas égal vers la tyrannie. Le premier y marche tout seul ; le second s'y trouve porté par ceux qui l'environnent ; voilà la seule différence.

Vous savez (*) ce qui arriva autrefois au singe, lorsque les animaux le déclarèrent leur roi ; des grimaces, des gambades, des singeries lui méritèrent cette gloire ; mais le jour même il tomba dans un piège ..... Avec beaucoup d'esprit on peut plaire aux hommes. Ce n'est pas assez pour régner sur eux.

Le renard est adroit, dissimulé : ces deux qualités lui placéraient - elles la couronne sur la tête ? On a dit que qui ne sait pas dissimuler ne sait pas régner. Le renard sera donc un monarque accompli, il dissimulera toujours. Que le ciel écarte un pareil prince du trône ; une tyrannie ouverte est moins terrible qu'une politique cachée. Si la vérité était exilée de la terre, elle devrait encore se trouver dans la bouche des rois ; voilà l'oracle des souverains. Je vois encore le coq et le paon sur les rangs ; mais ni l'un

(*) C'est le sujet d'une fable de La Fontaine ; elle a pour titre : le Renard, les Singes et les Animaux. Voici les deux derniers vers :

Il fut démis ; et l'on tomba d'accord,
Qu'à peu de gens, convient le Diadême.

ni l'autre n'aura mon suffrage. Le premier sacrifierait tout à ses plaisirs ; le second ferait tout servir à son faste. Ce n'est point pour eux, c'est pour leurs peuples que règnent les rois.

Il ne nous reste plus que l'âne. Pourquoi l'écarterions-nous du trône ? Il n'est ni ambitieux, ni rusé ni méchant ; s'il est paisible, il a de la fermeté et du courage dans l'occasion. Laborieux, sobre, vigilant, il a toutes les qualités nécessaires pour faire un bon roi et un grand prince. Son règne fera celui de l'équité : un roi juste n'a jamais fait de malheureux.

CHAPITRE XXII ET DERNIER.

Péroraison.

Terminons ici notre carrière, et finissons par engager les Babyloniens qui liront cet éloge, à fouler aux pieds les préjugés de l'éducation ; à ne pas juger des choses par ce qu'en disent les autres, mais par ce qu'elles sont réellement ; à ne rien admettre qu'après l'avoir examiné de sens froid, qu'après l'avoir reconnu véritable et conforme à la raison ; la prévention est le cheval de bataille des sots.

Puissent mes lecteurs ne voir désormais dans le lion qu'un monstre féroce et redoutable ; dans le cheval qu'un animal agréable, quelquefois utile, souvent dangereux. Dans le reste des animaux que des êtres d'une utilité médiocre, ou qui n'ont d'autre mérite que leur figure ou leur rareté. Dans l'âne enfin un animal facile à élever, facile à nourrir, facile à conserver ; un animal utile et nécessaire ; un animal qui mérite à juste titre le rang de roi des animaux.

Ce qui doit surtout fixer leur attention, c'est de ne plus confondre les ânes à courtes oreilles avec ceux de Montmartre. Ce sont deux races absolument différentes ; elles n'ont ni la même forme extérieure, ni les mêmes inclinations. Les premiers sont frivoles, stupides, gourmands, paresseux, insolents : la gravité, l'esprit, la modestie, l'amour du travail, l'humanité, voilà les attributs des seconds ; ils sont des ânes véritables, des ânes accomplis, au lieu que les autres, soit mâles, soit femelles, ne sont qu'une race bâtarde, qu'une race dégénérée, digne plutôt de commisération que de mépris. Revenez donc, ô Babyloniens, revenez de vos préjugés sur les habitants de ma patrie et ceux de la vôtre. Ayez pitié des seconds, respectez les premiers, c'est le moyen de rendre justice à tout le monde.

FIN.

TABLE.

FIN DE LA TABLE.